KB091021

통계학의 기초를 다진다

51가지
통계 방법

칸 다미오 감수 | 시가 야스오·히메노 나오코 지음 | 이강덕 감역 | 김기태 옮김

BM (주)도서출판 **성안당**

日本 옴사 · 성안당 공동 출간

Original Japanese Language edition
TSUKAERU 51 NO TOKEI SHUHO
by Tamio Kan, Yasuo Shiga, Naoko Himeno
Copyright © Tamio Kan, Yasuo Shiga, Naoko Himeno 2019
Published by Ohmsha, Ltd.
Korean translation rights by arrangement with Ohmsha, Ltd.
through Japan UNI Agency, Inc., Tokyo

Korean translation copyright © 2021 by SUNG AN DANG, Inc.

머리말

1960년대 후반 들어 인터넷의 보급이 확대하면서 정보화 사회로의 전환이 가속화됐다.

정보화 사회에서는 컴퓨터에 의한 신속한 정보 처리와 다양한 통신 미디어에 의한 넓은 범위의 정보 전달에 의해서 대량의 정보가 수치화·데이터화되어 생산, 저장, 전달된다. 정보화 사회의 확산으로 사람들의 일상생활 속에서 정보에 대한 요구와 정보 미디어에 접촉하는 시간이 늘고, 의사 결정과 일상의 행동 선택에 있어서 정보의 필요성이 점점 커지는 등 정보 의존도가 매우 높아졌다.

그리고 정보화 사회의 확대와 함께 새로운 문제도 표면화되고 있다. 그것은 정보가 어떻게 수치화·데이터화되어 있는지 또한 그 수치·데이터를 믿어도 좋은지를 알수 없다는 문제이다.

미국 사회심리학의 창설자로 불리는 올포트(Gordon Willard Allport)가 제창한 연구 방법 중 하나에 증거 기반 접근법(Evidence-based approach)이 있다. 실험과 검사에 기초한 근거 중심의 접근을 말한다. 인간 일반에게 적용되는 법칙을 확립하는 것이 목적이며 행동치료와 인지행동치료 등이 포함된다.

그렇다면 '증거'에 해당하는 것은 무엇일까. 그것이 바로 데이터이다. 증거에 기초한 사업 전략과 마케팅 전략을 구축하는 것이 증거 기반 비즈니스(Evidence-based Business)이다. 이를 위해서는 통계 해석은 막강한 도구라는 것은 틀림없으며 정보를 제어하는 자가 비즈니스 세계를 제어한다고 해도 과언이 아니다. 이 단어를 정보화 사회로 대체하면 통계 해석을 제어하는 자가 비즈니스 세계를 제어한다고 볼 수 있다.

이 책은 비즈니스 세계에서 통계 해석을 익히고 실무에서 사용하고 싶은, 그러나 난해한 통계 해석에 어떻게 대응하면 좋을지 모르는 사람들을 대상으로 51가지 통계 방법을 쉽게 해설했다.

데이터 안에 빛이 있고 통계 해석력으로 데이터 안에 숨은 보물을 찾아내 증거 기반 비즈니스를 영위하는 데 이 책이 도움됐으면 하는 바람이다.

이 책의 발행에 임해 통계학적 기술에 관한 감수를 맡아준 칸 다미오 선생(주식회사 아이스탯 대표이사 사장, 비즈니스 브레이크스루대학 대학원 교수, 이학 박사)과 집필 기회를 준 주식회사 옴사 여러분에게 감사의 마음을 전한다.

2019년 8월

시가 야스오, 히메노 나오코 공저

목차

머리말 ·· iii

Chapter 01 **대푯값**　　　　　　　　　　　　　　　　　　　　　i

01 산술평균 ·· 3
02 기하평균 ·· 5
03 조화평균 ·· 7
04 중앙값 ··· 9
05 비율 ··· 13
06 퍼센타일 ·· 19
07 최빈값 ··· 23

Chapter 02 **산포도**　　　　　　　　　　　　　　　　　　　　25

08 표준편차 ·· 27
09 비율(1, 0 데이터) ·· 31
10 변동계수 ·· 34
11 사분위수 범위와 사분위편차 ································ 36
12 5가지 요약 수치와 상자그림 ································ 38
13 표준값 ··· 44
14 편찻값 ··· 46

Chapter 03 **상관분석**　　　　　　　　　　　　　　　　　　49

15 단순상관계수 ··· 57
16 단순회귀식 ·· 61

17 크로스 집계 ·· 64

18 위험비 ··· 67

19 오즈비 ··· 71

20 크라메르 관련계수 ·· 71

21 상관비 ··· 75

22 스피어만 순위상관계수 ·· 81

Chapter 04 **만족도-중요도 분석**   **87**

23 만족도-중요도 분석 그래프 ·· 88

24 개선도 지수 ·· 93

Chapter 05 **정규분포·z분포·t분포**   **97**

25 정규분포 ·· 98

26 z분포(표준정규분포) ··· 104

27 왜도와 첨도 ··· 108

28 정규 확률 플롯 ··· 112

29 t분포 ··· 115

Chapter 06 **모집단과 표준오차**   **121**

30 표준오차 ··· 126

31 mean±SD ·· 128

32 mean±SE ·· 130

33 오차 그래프와 오차 막대 ··· 131

Chapter 07 　통계적 추정 　133

34 신뢰도(95% CI) ··· 136
35 모평균 z 추정 ··· 138
36 모평균 t 추정 ··· 139
37 모비율의 추정(z추정) ··· 143

Chapter 08 　통계적 검정 　145

38 p값 ··· 148

Chapter 09 　평균값에 관한 검정 　157

39 모평균의 차 z 검정 ··· 158
40 t 검정 ·· 161
41 웰치의 t 검정 ··· 164
42 대응이 있는 t 검정 ··· 168
43 모평균차분의 신뢰구간 ·· 171

Chapter 10 　비율에 관한 검정 　179

44 유형 ① 대응이 없는 경우의 검정(z검정) ························· 182
45 유형 ② 대응이 있는 경우(맥네마 검정) ···························· 185
46 유형 ③ 종속 관계에 있는 경우의 검정(z검정) ················· 189
47 유형 ④ 일부 종속 관계에 있는 경우의 검정(z검정) ·········· 192

Chapter 11 상관에 관한 검정   192

48 단순상관계수의 무상관검정 ············· 196
49 크로스 집계표의 카이제곱 검정 ········· 199

Chapter 12 다중회귀분석   203

50 다중회귀분석 ····································· 204
51 월차 시계열 분석 계절변동지수(S) ······· 219
    월차 시계열 분석 경향변동(T) ············· 222

부록 통계 방법 엑셀 함수 일람표 ·············· 231
찾아보기 ··· 243

대푯값

수집한 데이터의 특징을 안다 ①

우리 회사는 블랙 기업!?

대푯값

【대푯값】 ▶ ▶ ▶ 집단의 특징을 나타내는 대표적 값. 대푯값과 비율 등

　예를 들어 어느 집단에 속한 사람들에 대한 신장과 성별 데이터가 있다고 하자. 신장은 키가 큰 사람도 있는가 하면 작은 사람도 있다. 성별은 남성도 있고 여성도 있다. 이들 개개의 데이터의 차이를 **변동**이라고 한다.

　그러한 변동(차이)이 있는 데이터를 수집해서 만든 집단의 특징을 한마디로 표현할 때 '키가 큰 사람이 많은 집단인가, 키가 작은 사람이 많은 집단인가' 혹은 '남성이 많은 집단인가 여성이 많은 집단인가' 등을 파악할 필요가 있다.

　그래서 신장의 분포와 평균값, 남성이 차지하는 비율 등을 구하게 된다. 이처럼 집단의 특징을 나타내는 평균값과 비율을 **대푯값**이라고 한다.

01 | Arithmetic mean
산술평균

【산술평균】 ▶▶▶▶▶▶▶ 데이터를 모두 더해서 데이터의 개수로 나눈 값. 일상적으로 가장
자주 사용되는 평균값

사용할 수 있는 장면 ▶▶▶ 회식 자리에서 1인당 지불액을 구할 때. 사원의 평균 연령과 평균
신장을 구할 때 등

별칭 ▶▶▶▶▶▶▶▶▶▶ 상가평균

산술평균은 일상적으로 가장 자주 사용하는 평균값이다. 예를 들어 평균 연령과 평균 신장, 평균 체중이라고 할 때의 평균은 산술평균이다. 데이터를 모두 더해 데이터의 개수(인수)로 나누어 구한다.

계산식

n개의 데이터를 x_1、x_2、x_3、$\cdots$、x_n 이라고 했을 때…

$$산술평균 = (x_1 + x_2 + x_3 + \cdots + x_n) \div n$$

문제

어느 회사에서 흡연하는 여성과 남성의 하루 흡연 개수를 조사한 결과 아래의 데이터를 얻었다. 여성과 남성 각각의 흡연 개수의 평균값을 구하라.

여성 사원	흡연 개수
A	5개
B	3개
C	4개
D	7개
E	6개

남성 사원	흡연 개수
F	2개
G	10개
H	4개
I	9개
J	13개
K	5개

초등학생의
산수이다

여성, 남성 각각의 흡연 개수를 합해서 인수로 나누어 구한다.

▶▶▶ **여성의 흡연 개수의 산술평균**

$(5 + 3 + 4 + 7 + 6) \div 5$

$= 25 \div 5$

$= 5 [개]$

▶▶▶ **남성의 흡연 개수의 산술평균**

$(2 + 10 + 4 + 9 + 13 + 5) \div 6$

$= 43 \div 6$

$= 7.1667 [개]$

A. 여성 5개, 남성 7.2개

산술평균에 관한 유의사항

위의 예에서 남성의 평균값은 소수점 이하 상당한 자릿수까지 표시되어 있지만 보고서나 논문 등에 기재하는 경우에는 제시된 자릿수를 모두 이용할 필요는 없다. 오히려 아래와 같이 반올림한 값을 구하는 것이 좋다.

예를 들면 체온 측정 데이터가 38.8℃, 36.7℃, 40.2℃와 같이 소수점 첫째 자릿수까지 측정되어 있다면 평균값은 소수점 둘째 자릿수까지 구하면 좋다.

산술평균에 관한 유의사항

측정 데이터의 정확도 +1자릿수

평균 체온은…

$(38.8 + 36.7 + 40.2) \div 3$

$= 38.5666\cdots\cdots$

$= 38.57 [℃]$

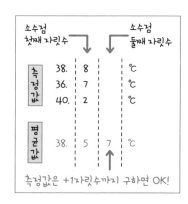

	소수점 첫째 자릿수			소수점 둘째 자릿수	
측정값	38.	8			℃
	36.	7			℃
	40.	2			℃
평균값	38.	5	7		℃

측정값은 +1자릿수까지 구하면 OK!

02 Geometric mean
기하평균

【기하평균】 ▶▶▶▶▶▶ 변화율의 평균값
사용할 수 있는 장면 ▶▶▶ 연간 매출의 연도별 평균 신장률이나 변화율을 구할 때 등
별칭 ▶▶▶▶▶▶▶▶▶ 상승평균

기하평균은 변화율의 평균값을 말한다. 예를 들면 어느 회사의 연간 매출이 1년 후에 2배로 늘고 그 다음해에 다시 전년의 3배로 증가했다고 하자.

그 경우의 1년당 평균 신장률을 기하평균이라고 한다[(2+3)÷2=2.5배로 하는 것은 바르지 않다].

데이터의 개수가 n개인 경우 n개의 수치를 곱해서 n제곱근으로 구한다.

계산식

n개의 데이터를 x_1、x_2、x_3、$\cdots$、x_n이라고 했을 때

$$기하평균 = \sqrt[n]{x_1 \times x_2 \times x_3 \times \cdots \times x_n}$$

문제

어느 IT 기업의 창업 1년째부터 4년째까지의 매출 성장률을 조사한 결과 아래의 데이터가 얻어졌다. 매출 신장률의 기하평균을 구하시오.

경과 연수	매출 금액(만 원)	신장률
1년째	1,000	
2년째	2,500	2.5
3년째	4,000	1.6
4년째	8,000	2.0

2년째의 성장률을 x_1, 3년째의 성장률을 x_2, 4년째의 성장률을 x_3이라고 하고 앞서 말한 계산식에 대입하면

$$기하평균 = \sqrt[3]{2.5 \times 1.6 \times 2.0} = \sqrt[3]{8} = 2$$

$\sqrt[3]{8}$은 3번 곱해서 8이 되는 숫자

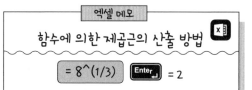

엑셀 메모

함수에 의한 제곱근의 산출 방법 🗶

= 8^(1/3) Enter↵ = 2

이상에서 매출 금액의 연간 평균 성장률은 2배가 된다.

A. 2배

기하평균에 관한 유의사항

연평균 2배씩 증가한다는 얘기는 2년째 매출 금액을 초년도와 비교했을 때 2배, 3년째는 $2 \times 2 = 4$배, 4년째는 $2 \times 2 \times 2 = 8$배가 된다는 것을 의미한다.

매출 금액을 1년째 d_1, 2년째 d_2, 3년째 d_3, 4년째 d_4라고 하면 각 연도의 성장률(x_1, x_2, x_3) 및 기하평균은 아래의 식으로 구할 수 있다.

$$x_1 = d_2 \div d_1, \; x_2 = d_3 \div d_2, \; x_3 = d_4 \div d_3$$

$$기하평균 = \sqrt[3]{x_1 \cdot x_2 \cdot x_3} = \sqrt[3]{\frac{d_2}{d_1} \cdot \frac{d_3}{d_2} \cdot \frac{d_4}{d_3}} = \sqrt[3]{\frac{d_4}{d_1}} = \sqrt[3]{\frac{8,000}{1,000}} = \sqrt[3]{8}$$

다시 말해, 성장률의 기하평균은 마지막 연도의 데이터(8,000)를 시작 연도의 데이터(1,000)로 나눈 값(8)의 세제곱근으로도 구할 수 있다.

성장률의 기하평균을 구하는 또 한 가지 방법

성장률의 기하평균
$$= \sqrt[\text{시작 연도를 제외한 연수}]{최종 \; 연도의 \; 데이터 \div 시작 \; 연도의 \; 데이터}$$

03 Harmonic mean
조화평균

【조화평균】 ▶ ▶ ▶ ▶ ▶ ▶ ▶ 데이터의 역수의 산술평균을 구하고 다시 그 역수를 취한 것

사용할 수 있는 장면 ▶ ▶ ▶ 갈 때와 올 때의 전체 평균 시속을 구할 때 등

 조화평균은 n개의 데이터가 있을 때 각 데이터의 역수를 취해서 산술평균을 구한 후 산술평균의 역수를 취한 값이다.

 조화평균은 데이터의 역수에 의미가 있을 때 자주 이용된다. 역수에 의미가 있다 는 것은, 가령 어느 거리를 이동했을 때 시속이 $x = 30$km/시일 때 그 역수는 $\frac{1}{x} = \frac{1}{30}$이 다. 이것은 '1km 진행하는 데 소요된 시간'에 해당하기 때문에 '역수에 의미가 있다' 는 얘기이다.

계산식

n개의 데이터를 x_1、x_2、x_3、$\cdots$、x_n이라고 했을 때

조화평균

$$= \frac{1}{\dfrac{1}{x_1} + \dfrac{1}{x_2} + \dfrac{1}{x_3} + \cdots + \dfrac{1}{x_n}}{n}} = \frac{n}{\dfrac{1}{x_1} + \dfrac{1}{x_2} + \dfrac{1}{x_3} + \cdots + \dfrac{1}{x_n}}$$

※ 다만 데이터에 0 및 음의 값이 포함되는 경우를 제외한다.

문제

아래 시속의 조화평균을 구하시오.

구간	시속	소요 시간
최초 60km 구간	30km/시	60km ÷ 30km/시 = 2시간
중간 60km 구간	15km/시	60km ÷ 15km/시 = 4시간
마지막 60km 구간	20km/시	60km ÷ 20km/시 = 3시간

7

각 시속을 위에서 순서대로 x_1, x_2, x_3이라고 하고 앞서 말한 계산식에 대입하면

$$조화평균 = \cfrac{3}{\dfrac{1}{30} + \dfrac{1}{15} + \dfrac{1}{20}}$$

$$= \cfrac{3}{0.0333 + 0.0667 + 0.05}$$

$$= \cfrac{3}{0.15}$$

$$= 20.0$$

A. 20km/시

조화평균에 관한 유의사항

위의 문제는 합계 180km를 9시간 걸려서 달렸으므로 평균은 $180 \div 9 = 20$km/시로 생각할 수 있다. 이 개념이 조화평균이다.

여담이지만 소리의 조화를 '하모니'라고 한다. 두 음이 조화를 이루는(하모나이즈) 지 어떤지는 두 음의 주파수의 비율로 결정된다. 이 관계에서 비율의 평균을 조화평균(하모닉 평균)이라고 한다.

프로 가수는 조화평균의 달인이기도 하다

04 Median
중앙값

【중앙값】 ▶▶▶▶▶▶▶▶ 데이터를 수치가 큰(또는 작은) 순서로 나열했을 때 중앙에 위치하는 값

사용할 수 있는 장면 ▶▶▶ 세대별 저축액을 구할 때, 직원이 어느 정도의 급여를 원하는지를 알고자 할 때 등

데이터를 일정 순서(큰 순, 작은 순 등)로 나열했을 때 중앙에 위치하는 수치를 **중앙값**이라고 한다. 예를 들면 '3, 6, 12, 18, 81'의 중앙값은 12이다. 한편 아래 표와 같이 데이터 수가 짝수인 경우는 중앙의 두 데이터의 평균값을 중앙값으로 한다.

No	a	b	c	d	e	f
데이터	5	3	6	2	9	4

↓ 작은 순으로 데이터를 재배열

No	d	b	f	a	c	e
데이터	2	3	4	5	6	9

중앙값 (4+5)÷2=4.5

┌ **문제** ┐

의사가 하루에 평균적으로 진료하는 환자 수를 조사한 결과 다음의 결과를 얻었다.
X병원, Y병원의 중앙값을 각각 구하시오.

X병원

의사	환자 수(명)
A	21
B	24
C	24
D	25
E	26
F	26
G	27
H	27
I	28
J	32

Y병원

의사	환자 수(명)
Q	21
R	22
S	24
T	25
U	25
V	26
W	26
X	27
Y	28
Z	76

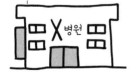

각각의 환자 수를 많은 쪽부터 순서대로 다시 나열하면 중앙에 위치하는 값이 중앙값이 된다(아래 표). 한편 데이터 수가 10개이기 때문에 Y병원의 중앙값은 25(25개째), 26(6개째)의 평균값인 25.5가 중앙값이 된다.

X병원	
평균값	26.0
중앙값	26.0

Y병원	
평균값	30.0
중앙값	25.5

A. X병원 26명, Y병원 25.5명

중앙값에 관한 유의사항

위의 문제에서 X병원의 진료 환자수의 평균값은 26명, 중앙값은 26명으로 값이 같다. 한편 Y병원의 평균값은 30명, 중앙값은 25.5명으로 평균값과 중앙값이 다르다. Y병원은 눈에 띄게 환자 수가 많은 Z의사가 있기 때문이다.

집단 안에서 이상하게 큰(작은) 데이터가 있는 경우 평균값은 이상값의 영향을 받지만 중앙값는 영향을 받지 않는다.

중앙값의 강점은 '이상하게 크거나 작은 값의 영향을 거의 받지 않는다'는 것이다. 한편 중앙값에는 '데이터의 비교에는 다소 부적합'하다는 약점도 있다.

집단의 특징을 볼 때는 평균값과 중앙값 모두를 보기로 하자

평균값과 중앙값의 사용

집단의 특색을 조사하는 대푯값으로 평균값과 중앙값이 있다. 평균값과 중앙값 어느 쪽을 사용하면 좋을지는 한 마디로 말할 수 없고 목적에 맞게 **구분해서 사용하는 것**이 좋다.

그러면 어떻게 평균값과 중앙값을 구분해서 사용하는 것이 좋은지를 알아보자.

문제

다음에 나타내는 데이터는 어느 회사의 20대 직원의 급여(1개월 평균)이다. 조사에 따르면 전국의 20대 민간기업의 급여 소득 평균값은 249만원, 중앙값은 240만원이다. 이 회사의 20대 급여는 전국의 20대 급여와 비교해서 높다고 할 수 있을까?

(단위: 만 원)

사원명	A	B	C	D	E	F	G	H	I	J
급여	210	220	230	230	240	240	250	250	260	850

해답

이 회사의 급여와 전국의 급여 평균값, 중앙값은 각각 아래와 같다.

이 회사의 급여

급여 평균값	298만 원
급여 중앙값	240만 원

전국의 급여

급여 평균값	249만 원
급여 중앙값	240만 원

이 회사의 급여의 중앙값은 전국의 중앙값과 같다. 때문에 이 회사의 급여 수준은 전국과 비교해서 높다고 판단할 수 없다.

어떤 해석 방법을 이용했느냐에 따라서 결론이 다르므로 그 원인을 조사해봤다. 이 회사에는 현저하게 급여가 높은 사장의 아들 J씨가 있다. J씨가 있어서 이 회사의 급여 평균이 높다. J씨의 급여가 좀 더 높으면 급여 평균은 더 높아진다.

중앙값이라면 J씨가 지금보다 급여가 높아져도 중앙값은 240
만 원으로 변함없다. 집단 속에서 이상으로 큰 데이터가 있는
경우 중앙값은 영향을 받지 않는다. 이 문제에서는 평균값보
다 중앙값을 사용하는 것이 적절하다. 결과, 이 회사의 급여
수준은 전국과 비교해서 같은 수준이라고 할 수 있다.

J씨

A. 높다고는 할 수 없다

점심도 고급으로

평균값과 중앙값의 구분 사용에 관한 유의사항

일반적으로 중앙값은 익숙하지 않다. 모두가 어릴 적부터 익숙한 평균값을 적용하
고자 하는 경우 J씨를 제외한 9명의 평균값을 산출하면 237만 원으로 중앙값에 가까
운 값이 되고 중앙값에서 얻어진 결론과는 거의 같다.

평균값을 사용하는 경우는 이상값을 제외하고 이용하면 좋다.

	평균값	중앙값	
전 데이터	298만 원	240만 원	← 데이터 수: 10개
이상값 제외	237만 원	240만 원	← 데이터 수: 9개

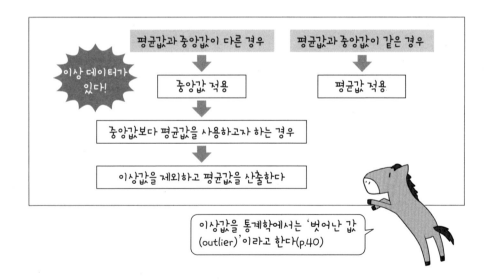

이상 데이터가
있다!

평균값과 중앙값이 다른 경우 → 중앙값 적용

평균값과 중앙값이 같은 경우 → 평균값 적용

중앙값보다 평균값을 사용하고자 하는 경우

이상값을 제외하고 평균값을 산출한다

이상값을 통계학에서는 '벗어난 값
(outlier)'이라고 한다(p.40)

05 | Proportion
비율

【비율】 ▶▶▶▶▶▶▶▶ 주목하고 있는 부분의 전체에 대해 차지하는 분량

사용할 수 있는 장면 ▶▶▶ 사원의 남녀비를 구할 때, 총지출에서 경비가 어느 정도 차지하는 지를 구할 때 등

전체에 대한 부분의 비 또는 다른 수량에 대한 어느 수량의 비를 **비율**이라고 한다. 부분을 전체로 나누어 구할 수 있다.

> **계산식**
>
> n을 전체의 수, c를 부분의 수라고 하면
>
> $$P = \frac{c}{n}$$

문제

가정에서 자가용차를 보유하고 있는지를 조사한 결과 다음과 같은 결과를 얻었다. 자가용차의 보유 비율을 구하시오.

응답자	A	B	C	D	E
보유 유무	보유	미보유	보유	미보유	보유

해답

A~E 5명의 응답자 중 자가용차를 보유하고 있는 사람은 3명, 보유하지 않은 사람은 2명 이다. 보유하고 있는 사람은 5인 중 3명이므로 앞서 말한 식에 대입하면 비율을 산출 할 수 있다.

$P = 3 \div 5 = 0.6$

A. 60%

비율에 관한 유의사항

문제의 데이터의 '보유'를 1, '미보유'를 0이라는 수량 데이터로 해서 평균값을 계산하면

$$(1 + 0 + 1 + 0 + 1) \div 5명 = 3 \div 5명 = 0.6$$

이 되어 비율의 계산으로 구한 값과 일치한다.

응답자	A	B	C	D	E
보유 유무	보유	미보유	보유	미보유	보유
보유 → 1, 미보유 → 0	1	0	1	0	1

보유, 미보유와 같이 응답의 선택지(카테고리 수)가 2개인 경우는 보유를 1, 미보유를 0으로 치환하고 평균값을 산출해도 상관없다. 다만 혈액형(A형, O형, B형, AB형)과 같이 카테고리 수가 3개 이상인 경우에는 이 방법을 적용할 수 없다.

> **비율을 구하는 또 한 가지 방법**
>
> 카테고리 수가 2인 경우 더미 변수로 변환(1,0변환)함으로써 비율뿐 아니라 평균값의 어느 쪽으로도 계산할 수 있다.

선택지가 2개일 때에만 사용할 수 있는 방법이다.

5단계 평가의 2Top 비율과 평균

설문조사에서는 5단계로 된 단계 평가 질문을 자주 이용한다. 5단계 평가에서 얻어진 데이터는 카테고리 데이터와 수량 데이터 모두 취급할 수 있어 비율과 평균값의 양방을 계산할 수 있다.

문제

식기용 세제 X와 Y 둘 다 사용한 경험이 있는 사람을 대상으로 각 세제의 평가에 관한 설문조사를 했다. 아래 표를 분석하여 어느 쪽 평가가 높은지를 구한다.

응답자	A	B	C	D	E	F	G	H	I	J
세제 X	5	4	4	3	3	3	3	2	1	1
세제 Y	5	4	3	3	3	3	3	3	2	1

1: 불만 2: 다소 불만 3: 보통 4: 다소 만족 5: 만족

해답

① 카테고리 데이터로 취급하는 경우(비율을 산출)

설문조사의 응답 데이터를 카테고리 데이터로 취급하여 비율을 산출한다. 비율은 각 선택지의 응답 인수를 전체 응답 인수로 나누어 구한다.

	세제 X		세제 Y	
	응답 인수	%	응답 인수	%
만족	1	10%	1	10%
다소 만족	2	20%	1	10%
보통	4	40%	6	60%
다소 불만	1	10%	1	10%
불만	2	20%	1	10%
합계	10	100%	10	100%

만족률 (2Top 비율)	
세제 X	세제 Y
30%	20%

불만율 (2Bottom 비율)	
세제 X	세제 Y
30%	20%

만족과 다소 만족을 더한 값을 2Top 비율이라고 한다

불만과 다소 불만을 더한 값을 2Bottom 비율이라고 한다

① 세제 X : 만족률(2Top 비율)은 30%, 불만율(2Bottom 비율)은 30%로 만족률과 불만율은 같다

② 세제 Y : 만족률(2Top 비율)은 20%, 불만율(2Bottom 비율)은 20%로 만족률과 불만율은 같다

세제 X와 세제 Y의 비율 : 만족률은 세제 X가 30%로 세제 Y의 20%를 10포인트 웃돈다

② 수량 데이터로 취급하는 경우(평균값을 산출)

5단 평가 데이터의 평균값을 구할 때는 각 선택지의 응답 인수에 분석자가 정한 가중치를 곱해 구해진 값의 합계를 전체 응답 인수로 나눈다.

이 문제의 가중치를 통상의 5단계 평가에서 이용하는 불만을 1점, 다소 불만을 2점, 보통을 3점, 다소 만족을 4점, 만족을 5점의 수량 데이터로 취급하여 평균값을 산출한다.

		세제 X	세제 Y
만족	5점	$5 \times 1 = 5$	$5 \times 1 = 5$
다소 만족	4점	$4 \times 2 = 8$	$4 \times 1 = 4$
보통	3점	$3 \times 4 = 12$	$3 \times 6 = 18$
다소 불만	2점	$2 \times 1 = 2$	$2 \times 1 = 2$
불만	1점	$1 \times 2 = 2$	$1 \times 1 = 1$
a. 합계		29	30
b. 응답 인수		10	10
a ÷ b. 평균값		2.9	3.0

가중치 × 도수

세제 X의 평균값은 2.9점, 세제 Y의 평균값은 3.0점으로 평균값은 세제 Y가 세제 X를 웃돌아 세제 X보다 세제 Y가 평가가 높은 것을 알 수 있다.

A. 만족률은 X가 높지만 평가 평균점은 Y가 높다

5단계 평가의 2Top 비율과 평균에 관한 유의사항

계급 평가를 아래와 같은 4단계로 질문하는 일이 있다.

> **4단계의 질문 예**
> 1. 만족
> 2. 어느 쪽인가 하면 만족
> 3. 어느 쪽인가 하면 불만
> 4. 불만

이것은 '보통'이나 '어느 쪽도 아니다'의 중간에 해당하는 응답자를 만족, 불만 중 어느 쪽으로 분류할 때(흑백을 확실히 하고자 할 때)에 이용한다.

이처럼 중간이 없는 4지 선다형으로 질문한 데이터도 수량 데이터로 보고 평균값을 사용해도 좋을까? 이 데이터의 대푯값은 비율로 평균값을 사용해서는 안 된다.

중간이 없는 선택지로 수집한 데이터를 분석할 때 유의사항

카테고리 데이터로 비율을 구하지 않으면 적절한 결과를 얻을 수 없다.

※수량 데이터로서 평균값을 구하는 방법은 사용할 수 없다는 점에 주의!

5단계 평가(1~5점)의 경우 선택지별 평가 간격은 1점으로 등간격이다. 그러나 4단계 평가(1~4점)의 경우 중간의 선택지가 없기 때문에 '어느 쪽인가 하면 만족' '어느 쪽인가 하면 불만'의 평가 간격은 타 선택지와 비교해 등간격이라고는 할 수 없다. 이 간격이 있으면 데이터가 왜곡될 가능성이 있다.

5단계 평가의 2Top 비율과 평균의 구분

문제

식기용 세제 X와 Y의 평가 그래프를 그린 결과 비율에서는 세제 X의 평가가 높고 평균값에서는 세제 Y의 평가가 높다. 이용하는 해석 방법에 따라서 결론이 다른 원인을 설명하시오.

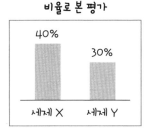
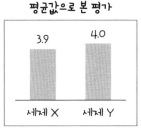

비율로 본 평가

40%
30%
세제 X   세제 Y

평균값으로 본 평가

3.9   4.0
세제 X   세제 Y

앞서 말한 바와 같이 비율(2Top 비율)은 '만족과 다소 만족'의 한쪽을 기준으로 해서 해당 선택지의 응답자 수를 전체 응답 인수로 나누어 구했다.

이처럼 비율은 집단의 한쪽을 나타내는 대푯값이다. 한편 평균값은 조사하고자 하는 집단 모두의 데이터를 합계해서 총인수로 나눈 값이다. 다시 말해 집단의 중앙(양쪽을 보고 있다)을 나타내는 대푯값이다. 이처럼 비율(한쪽)과 평균값(중앙) 2가지 해석 방법에 따라서 다른 결과가 나온 것이다.

A. 집단의 어디를 기준으로 삼느냐의 차이에 따른다

5단계 평가의 2Top 비율과 평균의 구분에 관한 유의사항

최근 자주 이루어지는 만족도-중요도 분석 조사(고객만족도조사)는 어떻게 만족하는 사람을 늘리는가 또는 불만을 가진 사람을 줄이는가, 즉 한쪽을 늘리는(줄이는) 방법을 생각하기 위한 조사이다. 따라서 만족도-중요도 분석 조사에서는 카테고리 분석(비율을 구하는 통계 수법)을 이용한다.

그러면 평균값을 사용해서 만족도-중요도 분석을 하면 안 되는 걸까?

물론 상관없지만 비율과 평균값은 기준으로 삼는 점이 다르다는 점을 인식해서 분석할 필요가 있다.

기업의 CS 랭킹 등은 평균값을 이용한 해석 결과가 많은 것 같다

06 Percentile 퍼센타일

【퍼센타일】 ▶ ▶ ▶ ▶ ▶ ▶ 데이터를 크기 순으로 나열해서 100개로 구분하고 작은 쪽부터 어느 위치에 있는지를 본 것

사용할 수 있는 장면 ▶ ▶ ▶ 연간 매출로 봤을 때 자사가 업계의 어느 위치에 있는지를 대략적으로 알고 싶을 때 등

퍼센타일 값은 데이터를 큰 쪽부터 순서대로 나열해서 100개로 구분하고 작은 쪽부터 어느 위치에 있는지를 나타낸다. 다시 말해 50퍼센타일은 '작은 쪽부터 $\frac{50}{100}$인 곳에 있는 데이터'라는 위치를 나타내는 용어이다.

- 25퍼센타일 : 제1사분위수(The first quartile)
- 50퍼센타일 : 중앙값(Median)
- 75퍼센타일 : 제3사분위수(The third quartile)

$\frac{25}{100}$ 구분마다 부르는 이름이 붙어 있다

한편 퍼센타일은 백분율의 퍼센트와는 다르다. 퍼센트는 비율을 나타내고, 가령 50%는 절반이라는 전체에 차지하는 비율을 나타낸다.

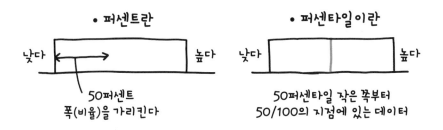

• 퍼센트란

낮다 → 높다

50퍼센트 폭(비율)을 가리킨다

• 퍼센타일이란

낮다 높다

50퍼센타일 작은 쪽부터 50/100의 지점에 있는 데이터

문 제

어느 학교의 입학 시험 점수에 대해 제1사분위수, 중앙값, 제3사분위수, 80퍼센타일을 구했다. 이 결과에서 무엇을 알 수 있는지 설명하시오.

	제1사분위수	중앙값	제3사분위수	80퍼센타일
득점	52	60	68	72

해답의 일례

A.

제1사분위수 ▶▶▶▶▶ 전체 수험자 중에서 점수가 낮은 25% 이하를 불합격으로 하는 경우 제1사분위수인 52점보다 낮은 수험자는 불합격이 된다.

제3사분위수 ▶▶▶▶▶ 전체 수험자 중에서 제3사분위수인 75% 이상에 들어가기 위해서는 68점 이상 취하면 된다.

80퍼센타일 ▶▶▶▶▶ 80% 퍼센타일인 72점보다 높은 수험자는 전체 수험자의 20%를 차지한다.

퍼센타일에 관한 유의사항

퍼센타일의 계산 방법은 서적이나 계산 소프트웨어에 따라서 차이가 있지만 데이터가 여럿 있는 경우 집단의 특징을 조사하는 목적이라면 어느 방법을 사용해도 문제없다.

퍼센타일 구하는 방법

퍼센타일 계산 절차를 문제를 풀면서 알아본다.

문 제

다음 10개의 데이터에 대해 80퍼센타일을 구하시오.

	A	B	C	D	E	F	G	H	I	J
데이터	21	22	33	28	50	26	24	25	35	32

해 답

① 우선 10개의 데이터를 오름차순으로 다시 나열한다

	A	B	G	H	F	D	J	C	I	E
순위	1번	2번	3번	4번	5번	6번	7번	8번	9번	10번
재배열	21	22	24	25	26	28	32	33	35	50

② 80%의 소수점을 구한다

→ 0.8

③ 80%는 몇 번째인지를 구한다

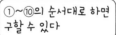
①~⑩의 순서대로 하면
구할 수 있다

(데이터 수 + 1) × 80%의 소수점
= (10 + 1) × 0.8
= 11 × 0.8
= 8.8(번째)

④ 8.8번째의 정수 부분을 구한다

→ 8(번)

⑤ 8번째의 데이터를 구한다

→ 33

⑥ 8.8번째를 절상한 값을 구한다

→ 9(번)

⑦ 9번째 데이터를 구한다

→ 35
이처럼 8.8번째의 데이터는 33과 35 사이에 있는 것을 알 수 있다.

⑧ 33과 35의 차분을 본다

9번째 데이터 - 8번째 데이터
= 35-33
= 2

⑨ 8.8번째의 소수점 이하의 수치를 구한다

→ 0.8

⑩ 80퍼센타일을 구한다

8번째의 데이터 + 차분 × 8.8번째의 소수점 이하 수치
= 33 + 2 × 0.8
= 34.6

A. 34.6

07 | Mode 최빈값

안녕하세요
Mode

【최빈값】 ▶ ▶ ▶ ▶ ▶ ▶ ▶ ▶ 데이터 중에서 가장 개수가 많은 값

사용할 수 있는 장면 ▶ ▶ ▶ 어느 중학교의 학생들이 받는 용돈(금액)에서 가장 많은 학생이 받고 있는 금액을 구할 때 등

별칭 ▶ ▶ ▶ ▶ ▶ ▶ ▶ ▶ ▶ ▶ 모드

데이터 중에서 가장 자주 나타나는 숫자 또는 계급의 계급값을 **최빈값**이라고 한다. 최빈값의 강점은 '극단값의 영향을 받지 않는다'는 점이지만 데이터의 수가 적으면 그다지 도움이 되지 않는다는 약점도 있다.

「2、3、3、7、7、7、8」의 최빈값은 7이다.

문제

다음 데이터는 어느 통계 세미나에 참가하는 학생의 결석 일수를 나타낸 것이다. 이 데이터의 최빈값을 구하시오.

학생	A	B	C	D	E	F	G	H	I	J	K
결석 일수	3	1	4	2	4	4	6	5	3	5	40

원탁이 좋아?

해 답

데이터를 오름차순으로 재배열하고 같은 값의 개수를 헤아린다.

1일, 2일, 3일, 3일, 4일, 4일, 4일, 5일, 5일, 6일, 40일

2개   3개   2개

제일 많은 값은 4일의 3개이다.
따라서 최빈값은 4가 된다.

지각이야
지각이야!

A. 4일

최빈값에 관한 유의사항

도수분포표의 데이터에서는 가장 도수가 큰 계급의 계급값을 최빈값이라고 표현하기도 한다. 아래 표는 씨름 선수 42명의 체중의 도수분포표로 최빈값은 160kg이다.

계급	110kg 이상 130kg 미만	130kg 이상 150kg 미만	150kg 이상 170kg 미만	170kg 이상 190kg 미만	190kg 이상 210kg 미만	210kg 이상 230kg 미만	합계
계급 폭	20kg	20kg	20kg	20kg	20kg	20kg	
계급값	120kg	140kg	160kg	180kg	200kg	220kg	
선수 수	3	6	14	11	6	2	42

↑
최빈값

또한 단순집계표의 데이터에서는 가장 도수가 큰 선택지의 계급값을 최빈값이라고 표현하는 일도 있다. 20대 여성 67명에게 좋아하는 색상이 뭔지 물은 설문조사 결과(아래 표)에서는 최빈값은 보라색이다.

색	녹색	빨간색	노란색	파란색	감색	복숭아색	보라색	합계
선택 인수	9	10	8	7	7	11	15	67

↑
최빈값

멋지다!

보라색

24

Chapter

산포도

수집한 데이터의 특징을 안다 ②

돈가스의 크기에는 편차가 있다

Dispersion
산포도

【산포도】 ▶ ▶ ▶ 데이터의 편차 정도를 나타내는 수치. 표준편차와 분산 등

예를 들면 어느 병원에 근무하고 있는 의사들의 하루 진료 환자 수 데이터가 있다고 하자. 하루에 진료하는 환자 수가 많은 의사도 있는가 하면 적은 의사도 있다. 이러한 각 데이터의 편차를 **변동**이라고 하며, 그 정도를 하나의 값으로 나타낸 것을 **산포도**라고 한다.

- 변동 : 데이터의 편차
- 산포도 : 편차의 정도

산포도에는 여러 가지 표현 방법이 있지만 기본적으로는 대푯값(평균값 등)을 기준으로 해서 어느 정도 변동했는지를 생각한다.

표준편차는 특히 자주 사용한다

08 Standard deviation
표준편차

【표준편차】 ▶ ▶ ▶ ▶ ▶ ▶ ▶ 데이터의 편차 크기를 보는 지표
사용할 수 있는 장면 ▶ ▶ ▶ 월간 매출의 편차 크기를 알고 싶을 때 등

표준편차는 데이터의 편차 크기를 알 수 있는 지표로 평균값을 기준으로 해서 플러스 방향·마이너스 방향으로 데이터가 어느 정도 퍼져 있는지를 수치화한 것이다.

표준편차의 값

• 최솟값이 제로
• 데이터의 편차 정도가 클수록 값이 커진다

1800년 말경에 표준편차를 생각해냄으로써 통계학은 빠르게 발전했다

문제

다음 데이터는 어느 기업의 여성과 남성의 하루 흡연 개수를 나타낸 것이다. 데이터의 편차가 큰 것은 남성인지 여성인지 구하시오.

흡연 개수

여성		남성	
A	5개	F	1개
B	3개	G	9개
C	4개	H	3개
D	7개	I	7개
E	6개	J	5개
평균값	5개	평균값	5개

문제의 데이터를 점 그래프로 나타낸 것이 아래 그림이다.

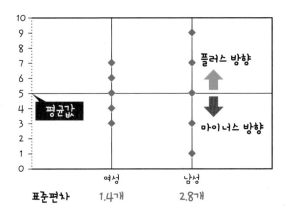

여성과 남성을 비교하면 여성은 평균값에 가까운 점에 데이터가 집중해서 편차는 적은
것을 알 수 있다. 한편 남성은 평균값에서 떨어진 데이터가 있어 편차가 크다.
표준편차를 구하면 여성은 1.4개, 남성은 2.8개(구하는 방법은 후술한다)로 위 그림에서
도 알 수 있듯이 표준편차에서 여성의 흡연 개수는 남성보다 편차가 작은 것을 알 수
있다.

A. 남성

표준편차 구하는 방법

표준편차를 구할 때는 평균값(Average), 편차(Deviation), 편차제곱(Deviation square), 편차제곱합(Sum of squared deviations), 분산(Variance)을 구할 필요가 있다.

- **편차** : 각 데이터에서 평균을 뺀 값
- **편차제곱** : 편차를 제곱(이승)한 값
- **편차제곱합** : 각 편차제곱을 합계한 값
- **분산** : 편차제곱합의 평균값
- **표준편차** : 분산의 제곱근(루트) ; 표준편차 = $\sqrt{분산}$

문제

아래 표는 어느 회사 여성 사원의 하루 흡연 개수 데이터이다. 이 데이터의 표준편차를 구하시오.

여성	
A	5개
B	3개
C	4개
D	7개
E	6개
평균값	5개

계산 방법은 다음 표에서 하나하나 확인하자.

제곱하는 것에 의해 마이너스가 없어진다

	여성 흡연 개수	편차	편차제곱
	5개	$= 5-5 = 0$	$0 \times 0 = 0$
	3개	$= 3-5 = -2$	$(-2) \times (-2) = 4$
	4개	-1	$(-1) \times (-1) = 1$
	7개	2	$2 \times 2 = 4$
	6개	1	$1 \times 1 = 1$
합계	25개	0	10

← 편차제곱합

$$분산 = \frac{편차제곱합}{데이터\ 개수} = \frac{10}{5} = 2$$

$$표준편차 = \sqrt{분산} = \sqrt{2} = 1.41421356\cdots$$

A. 1.4개

원래 데이터에 단위가 있는 경우는 표준편차에도 단위가 있다

분산에 관한 유의사항

　분산은 데이터가 어느 정도 평균값 주위에 분산되어 있는지를 나타내는 지표이다. 다만 분산끼리는 비교할 수 있지만 평균값과 덧셈하거나 비교할 수는 없다. 이유는 분산을 계산할 때 각 데이터를 제곱(이승)한 것을 이용하고 있기 때문이다.

　예를 들면 50명의 신장을 cm로 측정한 경우 평균 단위는 cm가 된다. 그러나 분산 단위는 그 이승인 cm^2가 되므로 평균값과 그대로 비교하거나 계산할 수는 없다.

　때문에 평균값과 비교하고자 하는 경우에는 루트로 원래의 값 스케일로 돌아간다. 이 값이 **표준편차**가 된다.

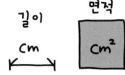

길이
Cm

면적
Cm²

단위가 다르므로 비교할 수 없다

09 비율(1,0 데이터)의 표준편차

【비율의 표준편차】▶▶▶ 설문조사 등의 '네' '아니오' 같은 수치로 측정할 수 없는 2항형 데이터의 편차 크기를 알 수 있는 지표

사용할 수 있는 장면 ▶▶▶ 설문조사에서 2항형 범주 데이터의 표준편차를 구할 때 등

데이터에는 크게 나누어 연속형 데이터와 범주형 데이터가 있다.

- **연속형 데이터** : 수치로서 더하거나 뺄 수 있는 데이터(예 : 신장, 체중)
- **범주형 데이터** : 수치로 측정할 수 없는 데이터(예 : 성별, 좋아하는 음식)

예를 들면 설문조사에서 '만족, 불만족'의 2항 범주 데이터는 '1,0 데이터'로 변환함으로써 표준편차를 구할 수 있다.

계산식

'1,0' 데이터의 '1'의 비율을 P라고 했을 때

$$분산 = P(1-P) \qquad 표준편차 = \sqrt{P(1-P)}$$

문제

아래 표의 데이터는 어느 상품의 만족도를 조사한 것이다. 이 데이터를 만족 : 1, 불만족 : 0인 '1,0' 데이터로 변환했을 때 분산과 표준편차를 구하시오.

	데이터
A	1
B	0
C	1
D	0
E	1

만족 : 1, 불만족 : 0

만족하는 사람의 비율은 전체 5명에 대해 3명이므로

$3 \div 5 = 0.6$

0.6을 앞의 계산식에 적용하면

분산 $= 0.6(1-0.6) = 0.24$

표준편차 $= \sqrt{0.24} = 0.49$

A. 분산 0.24, 표준편차 0.49

모집단

덧붙이면 공식을 사용하지 않고 계산하면

	데이터	편차	편차제곱
	1	1-0.6=0.4	0.16
	0	0-0.6=-0.6	0.36
	1	1-0.6=0.4	0.16
	0	0-0.6=-0.6	0.36
	1	1-0.6=0.4	0.16
합계	3	0	1.20 ← 편차제곱합
평균	0.6		0.24 ← 분산

데이터의 평균값은 0.6, 분산은 0.24가 됐다. 표준편차도 계산하면 0.49가 되고 공식을 사용한 경우와 같은 계산 결과가 된다.

범주형 데이터에 관한 유의사항

위의 문제와 같이 만족·불만족, 남자·여자 등으로 평가한 범주형 데이터의 기준을 **명목척도**(nominal scale)라고 한다. 대소는 관계없고 상호를 비교할 때 같은지 또는 아닌지만이 중요하다.

범주형 데이터를 평가하는 기준에는 한 가지가 더 있으며, 이것을 **서열척도**(ordinal scale)라고 한다. 비교할 때 같은지 또는 아닌지 어떤지에 추가해 대소 관계도 갖는다.

표준편차 계산식의 n과 n-1의 차이

분산, 표준편차를 구하는 방법에는 아래의 2가지가 있다.

데이터의 개수를 n이라고 했을 때

① 표본분산 $= \dfrac{\text{편차제곱합}}{n}$, 표준편차 $= \sqrt{\dfrac{\text{편차제곱합}}{n}}$

② 불편분산 $= \dfrac{\text{편차제곱합}}{n-1}$, 표준편차 $= \sqrt{\dfrac{\text{편차제곱합}}{n-1}}$

관측한 데이터 전체의 편차를 알고자 하는 경우는 ①의 공식을 이용한다. 설문조사와 추출 검사 등 추출한 데이터에서 전체를 추측하는 경우와 추출 데이터의 편차를 알려면 ②를 사용한다.

예를 들면 한국인 전원의 표준편차를 아는 것은 곤란하다. 그 경우 일부 데이터에서 추측하는 수밖에 없으므로 ②의 식을 사용한다. ②에서 구한 분산은 불편분산이라고도 불린다.

불편분산에 관한 유의사항

데이터에서 추정한 표준편차는 실제 모집단의 표준편차보다 다소 작은 값을 취한다고 알려져 있다. 때문에 $n-1$로 나누고 데이터에서 추측한 표준편차보다 조금만 큰 값으로 하는 것이 추정값으로서 적절하다.

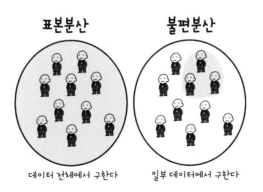

표본분산　　　불편분산

데이터 전체에서 구한다　　　일부 데이터에서 구한다

10 | Coefficient of variation
변동계수

C V

【변동계수】 ▶ ▶ ▶ ▶ ▶ ▶ ▶ 표준편차를 평균값으로 나눈 것으로 단위를 갖지 않는 수치
사용할 수 있는 장면 ▶ ▶ ▶ 신장과 체중 등 단위가 다른 데이터의 편차를 비교할 때 등

표준편차를 평균으로 나눈 값을 **변동계수**라고 한다. 변동계수는 단위가 없는 수치로 상대적인 편차를 나타낸다. 남성과 여성의 신장과 같이 평균값이 다른 집단, 신장(cm)과 체중(kg)과 같이 데이터 단위가 다른 집단의 편차를 비교하는 경우에 이용한다.

계산식

$$변동계수 = \frac{표준편차}{평균값}$$

문제

어느 학교 학생들의 신장과 체중을 조사한 결과 아래의 데이터가 얻어졌다. 신장과 체중 각각의 변동계수를 구하시오.

	신장	체중
평균	160cm	50kg
표준편차	96cm	55kg

신장이 표준편차의 값이 크지만…

신장, 체중을 각각 앞의 계산식에 적용해서 계산한다.

▶▶▶ 신장의 변동계수
$$96 \div 160 = 0.6$$
▶▶▶ 체중의 변동계수
$$55 \div 50 = 1.1$$

단위를 잘 확인할 것!

	신장	체중
평균	160cm	50kg
표준편차	96cm	55kg
변동계수	0.6	1.1

표준편차의 값이 크다고 해서
편차가 크다고 착각하지 않도록!

A. 신장 0.6, 체중 1.1

변동계수에 관한 유의사항

위의 예에서도 알 수 있듯이 변동계수에는 단위가 없다. 이것은 중요한 특징이다. 평균값이 다른 데이터와 단위가 다른 데이터의 표준편차는 비교하는 의미가 없다. 그럴 때가 변동계수가 나설 차례다. 단위가 없으면 어떤 규모, 어떤 단위라도 비교가 능하다.

변동계수가 얼마 이상이면 편차가 크다는 통계학적 판단 기준은 없지만 일반적으로 1 이상은 '크다', 0.5 이상 1 미만은 '다소 크다'고 할 수 있다.

변동계수의 판단 기준

- 변동계수 ≧ 1 ……… 크다(극단값 있음)
- 0.5 ≦ 변동계수 < 1 ……… 다소 크다

11 Interquartile range Quartile deviation
사분위수 범위와 사분위편차

【사분위수 범위】 ▶▶▶▶▶ 제3사분위수와 제1사분위수의 차이
【사분위편차】 ▶▶▶▶▶▶ 사분위수 범위의 절반의 값
사용할 수 있는 장면 ▶▶▶ 극단의 값에 영향을 받지 않고 데이터의 편차 크기를 알고 싶을 때 등

제3사분위수와 제1사분위수의 차이를 **사분위수 범위**라고 하며 사분위수 범위의 절반의 값을 사분위편차라고 한다. 표준편차와 마찬가지로 집단의 편차를 알기 위한 지표이다.

사분위수 범위가 크면 데이터의 편차가 크다고 할 수 있다.

극단으로 큰 값 또는 작은 값(극단값)이 있을 때 표준편차의 값은 그 영향을 받지만 사분위편차는 데이터의 중앙 50%로 결정되므로 영향을 받지 않는다.

계산식

- 사분위수 범위 = 제3사분위수 − 제1사분위수

- 사분위편차 = $\dfrac{\text{사분위수 범위}}{2}$

아래의 데이터를 이용해서 데이터 A, B 각각의 사분위편차를 구하시오.

데이터 A	데이터 B
1	1
2	2
2	2
3	3
3	3
3	3
3	3
4	4
4	4
4	4
4	4
4	4
4	4
5	5
5	5
5	5
5	5
5	5
5	5
100	5

	데이터 A	데이터 B
건수	20	20
평균값	8.55	3.80
표준편차	21.01	1.17
제1사분위수	3.00	3.00
중앙값	4.00	4.00
제3사분위수	5.00	5.00

사분위편차를 구하려면 우선 사분위수 범위를 구해야 한다.

▶▶▶데이터 A의 사분위편차

사분위수 범위 = 5.00-3.00

= 2.00

사분위편차 = $\dfrac{2.00}{2}$ = 1.00

▶▶▶데이터 B의 사분위편차

사분위수 범위 = 5.00-3.00

= 2.00

사분위편차 = $\dfrac{2.00}{2}$ = 1.00

A. 데이터 A : 1.00, 데이터 B : 1.00

사분위수 범위에 관한 유의사항

위의 예를 보면 표준편차에 큰 차이가 있지만 사분위편차는 같아졌다. 이것은 사분위수 범위라는 지표가 표준편차보다 큰 값 또는 작은 값(극단값)의 영향을 받지 않기 때문이다. 다시 한 번 말하지만, 사분위수 범위가 크면 데이터의 편차가 크다고 할 수 있다. 다만 사분위수 범위에 의한 편차는 중앙값 주변의 것을 나타낸 값이며 분산·표준편차에 의한 데이터의 편차는 평균값 주변의 편차를 나타내는 값이다. 단순하게 데이터의 편차라고 해도 둘은 서로 의미가 조금 다르다는 점에 유의하자.

12 Box-and-whisker plot
5가지 요약 수치와 상자그림

【상자그림】 ▶▶▶▶▶▶▶ 데이터의 편차 정도를 나타낸 그림
사용할 수 있는 장면 ▶▶▶ 복수의 거래 기업에 사용한 경비의 편차를 비교해서 확인할 때 등

상자그림(상자수염그림)은 아래의 5가지 통계량(5가지 요약 수치)을 그래프로 한 것이다.

상자그림은 데이터에 이상값이 있거나 집단의 분포를 모를 때 집단의 특징을 조사하는 데 사용된다.

상자그림

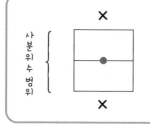

사분위수 범위 최댓값 (Maximum)

제3사분위수 (The third quartile)

중앙값 (Median)

제1사분위수 (The first quartile)

최솟값 (Minimum)

상자그림 그리는 법

① 데이터의 최댓값·최솟값·제1사분위수·중앙값·제3사분위수를 조사한다

⬇

② 제1사분위수와 제3분위수를 양끝으로 하는 직사각형을 그린다

⬇

③ 그 직사각형을 중앙값으로 분할하도록 칸막이를 그린다

아래 표는 주부의 매트리스 머니(mattress money, 여유자금)에 대해 조사한 설문조사 결과로, 각종 통계량을 나타내고 있다. 표를 토대로 연대별 상자그림을 그리시오.

상자그림 통계량 표

	30대	40대	50대
건수	21	23	19
최댓값	30	50	60
제3사분위수	14	20	30
중앙값	9	10	15
제1사분위수	5	5	10
최솟값	1	2	4
평균값	9.4	14.5	20.6
표준편차	6.6	11.4	15.3

수치만이라면 알기 어렵다

아래와 같다. 상자그림을 그리면 연대별 분포와 특징을 한눈에 알 수 있다.

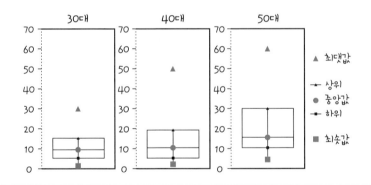

상자그림에 관한 유의사항

통계의 분석 방법 중에서도 비교적 간단하게 데이터의 편차를 파악할 수 있는 것이 상자그림의 장점이다. 또한 위의 문제와 같이 데이터의 집합체별로 그리면 각 데이터의 편차를 조사할 수 있다.

이처럼 상자그림은 간단하게 데이터의 편차를 가시화할 수 있고 데이터의 분포를 확인하는 방법의 하나로 활용되고 있다.

극단값

【극단값】 ▶ ▶ ▶ 데이터에 포함되는 극단으로 큰 값 또는 작은 값

집단에 소속된 데이터에서 값이 큰(작은) 데이터가 있고, 그 데이터가 다른 것과 비교해서 극단으로 크다고(작다고) 할 수 있는 경우 극단값이라고 한다.

측정이나 기록 오류 등에 기인하는 이상값과 극단값은 개념적으로는 다르지만 실무상은 구별할 수 없는 일도 있다.

> **극단값을 찾는 방법**
>
> • 정규분포가 아닐 때 · 알 수 없을 때 : 상자그림을 적용
> • 정규분포일 때 : 스미르노프 · 그래브스 검정을 적용

상자그림을 이용해서 극단값을 찾는 방법을 나타낸다.

아래 그림과 같이 상내 경계점, 하내 경계점을 추가해서 7가지 요약 수치의 상자그림을 작성한다.

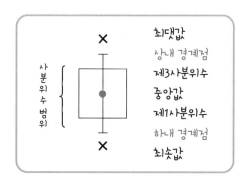

하내 경계점과 상내 경계점의 범위에서 벗어나는 데이터를 극단값이라고 한다.

한편 하내 경계점과 상내 경계점을 구하는 방법은 아래와 같다.

① 우선, 상측점과 하측점을 산출한다

> • 사분위수 범위 = 제3사분위수 − 제1사분위수
> • 상측점 = 제3사분위수 + 사분위수 범위 × 1.5
> • 하측점 = 제1사분위수 − 사분위수 범위 × 1.5
> ※ 1.5는 통계학이 정한 상수

② 하내 경계점은 아래와 같이 결정한다

> 하측점과 상측점의 범위 내에 최솟값은 있는가?

> • 있다 → 하내 경계점은 최솟값
> • 없다 → 하내 경계점은 하측점

③ 상내 경계점은 아래와 같이 결정한다

> 하측점과 상측점의 범위 내에 최댓값은 있는가?

> • 있다 → 상내 경계점은 최댓값
> • 없다 → 상내 경계점은 상측점

극단값과 이상값의 구별은 쉽지 않으므로 극단값이 발생한 경위와 원인을 잘 조사할 필요가 있다

극단값에 관한 유의사항

극단값과 이상값 모두 영어 outlier를 사용한다. outliers는 부외자, 이단아라는 의미에서 '다른 사람과 두드러지게 달라 정해진 룰에 영합하지 않고 스스로의 신념을 일관하는 삶을 사는 사람'을 가리키는 경우에도 사용된다.

앞서 말한 바와 같이 극단값이란 집단에 속하는 데이터에서 값이 극단으로 크거나 또는 작은 것을 가리킨다. 한편 이상값이란 극단값 중에서도 측정 오류 등 그 원인을 알고 있는 것을 가리킨다. 데이터에서 극단의 값이 있었다고 해도 반드시 이상치라고는 한정할 수 없다.

극단값을 구하는 방법

문제

p.21에서 이용한 데이터를 이용하여 상내 경계점, 하내 경계점을 산출하시오.

	A	B	C	D	E	F	G	H	I	J
데이터	21	22	33	28	50	26	24	25	35	32

해답

우선 데이터를 왼쪽에서 작은 순으로 다시 나열한다.

	A	B	G	H	F	D	J	C	I	E
데이터	21	22	24	25	26	28	32	33	35	50

사분위수 범위 = (제3사분위수 - 제1사분위수) = 33.5 - 23.5 = 10

상측점 = 제3사분위수 + 사분위수 범위 × 1.5 = 33.5 + 10 × 1.5 = 48.5
하측점 = 제1사분위수 - 사분위수 범위 × 1.5 = 23.5 - 10 × 1.5 = 8.5

여기서 앞서 말한 하내 경계점과 상내 경계점의 판별법을 적용하면

하측점 8.5와 상측점 48.5의 범위 내에 최댓값 50은 있는가?

• 없다 → 상내 경계점은 상측점 48.5

하측점 8.5와 상측점 48.5의 범위 내에 최솟값 21은 있는가?

• 있다 → 하내 경계점은 최솟값 21

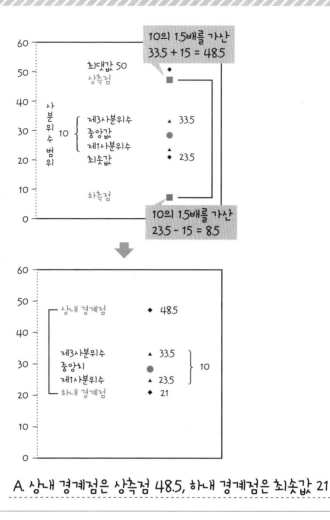

A. 상내 경계점은 상측점 48.5, 하내 경계점은 최솟값 21

극단값을 구하는 방법에 관한 유의사항

위의 그림을 참고로 하면 하내 경계점 21과 상내 경계점 48.5의 범위에서 벗어나는 데이터 E(50)가 극단값이 된다. 이처럼 상자그림을 이용하면 하내 경계점과 상내 경계점을 알기 쉽다. 어렵게 생각하지 말고 하측점과 상측점의 범위 내에 최솟값 및 최댓값이 있는지를 확인하면 된다.

13 | Standard score
표준값

【표준값】 ▶ ▶ ▶ ▶ ▶ ▶ 개체 데이터에서 평균값을 빼고 그 값을 표준편차로 나눈 값

표준값이란 집단에 속하는 개체 데이터가 집단 속에서 어느 위치에 있는지를 나타내는 수치이다. 표준값은 개체 데이터에서 평균값을 빼고 그 값을 표준편차로 나누어서 구한다.

> 계산식
>
> $$표준값 = \frac{개체\ 데이터 - 평균값}{표준편차}$$

학생 50명의 시험 성적 평균값은 60점, 표준편차는 10점이었다고 하자. 학생 A군의 득점이 72점일 때 표준값은 위의 계산식대로 계산하면 1.2가 된다.

$$표준값 = \frac{72-60}{10} = \frac{12}{10} = 1.2$$

집단의 전체 수(이 예에서는 50명)의 표준값 평균은 0, 표준편차는 1이 된다. A군은 1.2로 플러스의 값이므로 집단의 정중앙보다 위에 위치하는 것을 알 수 있다.

난이도가 다른 (평균값과 표준편차가 다르다) 복수의 과목에 대해 A군의 시험 점수는 어느 과목이 우수한지를 알고 싶을 때 원점수로는 비교할 수 없지만 표준값은 어느 과목이든 평균 0, 표준편차가 1이 되므로 비교 가능하다.

표준값은 검사 등에서 말하는 정상치와는 다르다

문 제

대학 씨름 선수 3명의 종합 체력을 신장과 체중으로 조사하기로 했다. 아래의 데이터를 이용해서 표준값을 구하여 종합 체력이 1위인 선수를 구하시오.

데이터		
학생	신장(cm)	체중(kg)
A	189	77
B	180	92
C	171	77
평균값	180.0	82.0
표준편차	7.35	7.07

189cm 77kg

180cm 92kg

171cm 77kg

해 답

학생 A의 데이터를 예로 들어 신장, 체중 각각의 표준값을 구해보자.

- 신장의 표준값 $= \dfrac{189-180}{7.35} = 1.224\cdots\cdots = 1.22$

- 체중의 표준값 $= \dfrac{77-82}{7.07} = 0.707\cdots = -0.71$

나머지 B, C도 마찬가지로 계산하면 다음의 표과 같다.

	데이터		표준값		
학생	신장(cm)	체중(kg)	신장	체중	합계
A	189	77	1.22	-0.71	0.52
B	180	92	0.00	1.41	1.41
C	171	77	-1.22	-0.71	-1.93
평균값	180.0	82.0	0.00	0.00	
표준편차	7.35	7.07	1.00	1.00	

표준값은 평균 0, 표준편차가 1이 되도록 산출하는 것이 포인트이다

신장과 체중의 표준값 합계를 보면 학생 B의 합계가 최대가 된다.

A. 학생 B

표준값에 관한 유의사항

신장과 체중은 단위가 다르고, 나아가 평균값와 표준편차도 다르기 때문에 데이터를 그대로 비교하거나 합계하는 것은 불가능하다. 위의 문제와 같이 표준값을 구하면 서로 다른 단위가 없어지므로 신장과 체중의 평가가 가능해진다.

14

편찻값

【편찻값】 ▶▶▶▶▶▶▶▶ 집단 속에서의 편차를 고려해서 평가한 값
사용할 수 있는 장면 ▶▶▶ 과목이 다른 시험 성적을 비교할 때, 상품별 성능을 비교할 때 등

편찻값이라는 단어는 여러분도 자주 본 적이 있을 것이다. 점수만으로는 알 수 없는 집단 속에서의 위치와 우수한 정도를 나타내는 지표이다. 편찻값는 표준값을 10배하여 50을 더해서 구할 수 있다.

> **계산식**
>
> $$편찻값 = 10 × 표준값 + 50$$

예를 들면 학생 50명의 시험 성적 평균값은 60점, 표준편차는 10점이었다고 하자. 학생 B군의 점수가 65점일 때 표준값은 0.5가 된다.

$$표준값 = \frac{65-60}{10} = \frac{5}{10} = 0.5$$

$$편찻값 = 10 × 0.5 + 50 = 5 + 50 = 55$$

B군의 편찻값은 55가 된다.

편찻값의 평균은 50, 표준편차는 10이다. 평균값과 표준편차 데이터의 단위가 다른 항목이 여러 개 있을 때 항목 상호의 데이터를 비교하는 것은 불가능하다. 이러한 경우 개체 데이터를 편찻값으로 대체해서 비교하거나 합계할 수 있다.

문제

「10.표준값」(p.45)에서 사용한 대학 씨름부 선수 3명의 데이터(아래 표)를 이용해서 종합 체력을 편찻값으로 구하고 종합 체력 1위인 선수를 구하시오.

학생	데이터		표준값	
	신장(cm)	체중(kg)	신장	체중
A	189	77	1.22	-0.71
B	180	92	0.00	1.41
C	171	77	-1.22	-0.71
평균값	180.0	82.0	0.00	0.00
표준편차	7.35	7.07	1.00	1.00

해답

학생 A의 데이터를 이용해서 신장, 체중 각각의 편찻값을 구해보자.

- 신장의 표준값 = 10 × 1.22 + 50 = 62.2
- 체중의 표준값 = 10 × (-0.71) + 50 = 42.9

나머지 B, C도 마찬가지로 계산하면 아래 표와 같다.

학생	데이터		표준값		
	신장(cm)	체중(kg)	신장	체중	합계
A	189	77	62.2	42.9	105.2
B	180	92	50.0	64.1	114.1
C	171	77	37.8	42.9	80.7
평균값	180.0	82.0	50.0	50.0	
표준편차	7.35	7.07	10.00	10.00	

신장과 체중의 편찻값의 합계를 보면 학생 B의 합계가 최대가 된다.

A. 학생 B

편찻값에 관한 유의사항

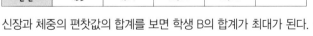

신장과 체중은 단위가 다르므로 합계할 수 없지만 편찻값은 합계할 수 있다.

이처럼 편찻값이 집단 속의 편찻값을 고려해서 평가한 값이고, 집단의 중앙에서 어느 정도의 위치에 있는지를 나타낸 수치이다. 단위가 다른 것을 비교할 수 있는 매우 편리한 수단이다.

Chapter

03

상관분석

2가지 사안의 관련성을 조사한다

통계 마니아에게는 세계가 이렇게 보인다

Correlation analysis
상관분석

【상관분석】▶▶▶ 2가지 사안(항목)의 관계를 조사하는 방법
별칭 ▶▶▶▶▶▶ 2변량해석(Bivariate analysis)

　2가지 사안(항목, 변수)의 관계를 조사하는 해석 방법을 총칭해서 **상관분석**이라고
한다.
　상관분석에는 여러 가지 방법이 있다. 사용하는 해석 방법은 측정한 데이터가 수
치형 데이터, 순서형 데이터, 범주형 데이터인가에 따라서 결정된다.

데이터 형태	척도명	예
수치형 데이터	구간 척도	○시간, ○cm
순서형 데이터	순서 척도	1위, 2위, 3위 5단계 평가
범주형 데이터	명목 척도	남성, 여성

예를 들면 다음과 같은 5가지 테마에 대해 조사하기로 하자.

① 학습 시간과 시험의 성적은 관계가 있는가
② 소득 계층과 지지하는 정당은 관계가 있는가
③ 연령과 좋아하는 제품은 관계가 있는가
④ 혈액형과 매트리스 머니는 관계가 있는가
⑤ 사우나의 만족도와 호텔의 종합 만족도는 관계가 있는가

각 테마의 상관분석 데이터 타입, 해석 방법, 상관계수는 아래와 같다.

	항목과 선택지		데이터 타입	해석 방법	상관계수
① →	학습 시간	△시간	수치형 데이터	상관도	단순상관계수 (단순회귀식)
	시험 성적	△점	수치형 데이터		
② →	소득 계층	고소득/중소득/저소득	범주형 데이터	크로스 집계	크라에르 관련계수
	지지 정당	A당/B당/C당	범주형 데이터		
③ →	연령	△세	수치형 데이터	범주별 평균	상관비
	좋아하는 제품	P상품/Q상품/R상품	범주형 데이터		
④ →	혈액형	A형/O형/B형/AB형	범주형 데이터	범주별 평균	상관비
	장롱 머니	△원	수치형 데이터		
⑤ →	사우나 만족도	5단계 평가	순서형 데이터	도수분포 크로스 집계	스피어만 순위상관계수
	호텔 종합 만족도	5단계 평가	순서형 데이터		

Functional relationship
함수관계

【함수관계】 ▶ ▶ ▶ 두 변수의 한쪽이 결정되면 다른 한쪽도 결정되는 관계

두 항목 간의 관계에는 함수관계와 상관관계가 있다.
아래에 함수관계에 대해 구체적인 예를 들어 설명한다.

구체 예

1시간에 60km의 속도로 달리는 자동차가 있다. 이 자동차는 2시간에 120km, 3시간에 180km, 4시간에 240km 달린다.
여기서 달리는 시간을 x축(가로축), 그 시간에 달린 거리를 y축(세로축)으로 하고 그 래프를 그리면 아래 그림과 같은 직선이 된다.

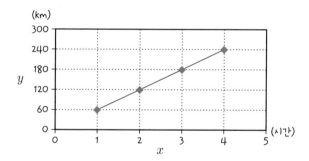

달린 시간(x)과 그 사이에 달린 거리(y)의 관계를 식으로 나타내면, $y = 60x$가 된다.
예를 들면 10시간에 몇 km 달리는지를 계산하려면 x에 10을 대입하면 거리를 구할 수 있다.
실제로 계산하면

$$y = 60 \times 10 = 600 \text{km}$$

이처럼 x의 값이 정해지면 거기에 따라서 y의 값이 정해질 때, x와 y 사이에 함수 관계가 있다고 한다.

특히 x와 y 사이에 다음 식과 같은 관계가 성립할 때 y는 x의 1차 함수라고 한다.

$$y = ax + b$$

또한 1차 함수의 관계를 그래프로 나타내면 아래 그림과 같은 직선이 된다.

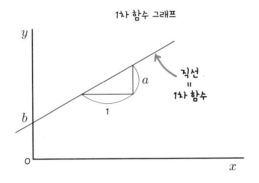

1차 함수 그래프

a, b는 상수이고 a는 직선의 기울기, b는 직선이 y축과 교차하는 좌표의 값(절편)을 나타낸다

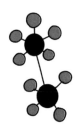

상관관계

【상관관계】 ▶ ▶ ▶ 두 변량 사이에 운동성이 보이는 관계

함수관계가 있는 경우에는 x의 값이 정해지면 필연적으로 y의 값이 정해진다. 그런데 x의 값이 정해졌다고 해서 y의 값이 정확하게 정해지지도 않고, 그렇다고 해서 양자가 전혀 관계가 없다고도 할 수 없는 일도 있다.

이러한 현상의 대표적인 예로 자주 거론되는 것이 신장과 체중의 관계이다.

구체 예

다음의 표는 어느 10명의 학생의 신장과 체중을 측정한 결과이다.

학생	A	B	C	D	E	F	G	H	I	J
신장(cm)	146	145	147	149	151	149	151	154	153	155
체중(kg)	45	46	47	49	48	51	52	53	54	55

신장을 y축(세로축), 체중을 x축(가로축)으로 하고 점 그래프를 그리면 아래 그림과 같다. 이 그림을 상관도 또는 산포도라고 한다.

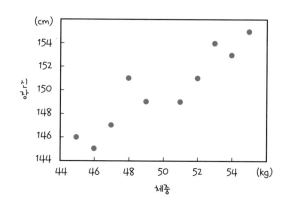

상관도에서 체중과 신장의 관계를 보면 '체중이 정해지면 신장이 정해진다'는 명확한 관계는 볼 수 없다. 때문에 체중과 신장의 관계를 함수식으로 나타내는 것은 불가능하다. 그러나 체중이 많이 나가면 신장이 큰 경향이 있어 체중과 신장은 전혀 무관하다고는 할 수 없다.

이처럼 두 항목이 상당한 정도의 규칙성을 갖고 동시에 변화하는 성질을 **상관**이라고 한다.

또한 두 항목 x와 y에 대해 x값이 정해지면 필연적으로 y의 값이 정해지는 것은 아니라고 해도, 양자 사이에 관련성이 인정될 때 x와 y 사이에는 **상관관계**가 있다고 한다.

상관관계의 정도의 세기를 나타내는 지표를 **상관계수**라고 한다.

또한 상관계수를 이용해서 변수 상호의 인과 관계를 조사하는 것을 **상관분석**(Correlation analysis)이라고 한다.

광고비와 매출의 관계성도
상관관계이다

인과관계

【인과관계】 ▶ ▶ ▶ 한쪽이 원인이고 다른 한쪽이 결과인 관계

인과관계는 항목 간에 원인과 결과에 관계가 있다고 단언할 수 있는 관계를 의미한다.

광고비와 매출의 관계를 보면 '광고비를 늘리면 매출이 오른다'가 통설이다. 광고비를 늘린다는 행위가 원인이고 매출이 오른다는 결과가 도출되므로 양자 사이에는 인과관계가 있다.

원인과 결과의 관계는 '원인→결과'의 **일방통행**이다. '원인이 있고 결과가 있다' 고 하는 시간적 순서가 성립한다.

신장과 체중의 관계성으로 말하면 신장이 크면 체중이 무거운가, 체중이 무거 우면 신장이 큰가를 알 수 없으므로 양자의 인과관계는 확실하지 않다.

인관관계가 있으면 반드시 상관관계는 인정되지만 상관관계가 있다고 해서 반드시 인과관계가 인정되는 것은 아니다.

인과관계와 상관관계는 아래와 같이 2가지 대상 A와 B의 관계성을 나타낸다.

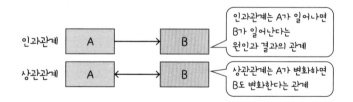

상관관계가 있다고 해서 인과관계가 있다고는 할 수 없기 때문에 두 항목의 시간적 순서 등을 검토해서 인과관계를 고찰한다.

양자에 인관관계가 있는지를 해명하려면 통계 해석을 할 필요가 있다.

공분산구조분석은 인과관계를 해명하는 데 사용되는 대표적 인 통계 해석 수법이다

15 | Single correlation coefficient
단순상관계수

【단순상관계수】 ▶ ▶ ▶ ▶ ▶ 상관관계의 정도를 나타내는 값
사용할 수 있는 장면 ▶ ▶ ▶ 학습 시간과 시험 성적의 관련성의 강약을 조사할 때 등

p.54에서 설명한 바와 같이 두 변수 x와 y에 대해 양자 사이에 직선적인 관련성이 인정될 때 x와 y의 사이에는 상관관계가 있다고 한다. 상관관계의 정도를 나타내는 수치를 단순상관계수(피어슨 적률상관계수)라고 한다.

구체 예

단순상관계수는 −1에서 +1까지의 값을 취한다.

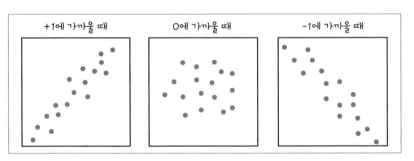

위 그림에 나타냈듯이 단순상관계수가 ±1에 가까울 때는 두 변수의 관계는 직선적이다. ±1에서 멀어짐에 따라 직선적 관계는 약해지고, 0에 가까울 때는 항목 간에 직선적인 관계는 전혀 없다.
다시 말해 단순상관계수의 값이 ±1에 가까워지면 상관관계가 강해지고 반대로 0에 가까워지면 약해진다. 0인 경우에만 상관계수가 없다. 반대로 말하면 불과 0.05에서도 약한 상관이 있다.

따라서 강약의 차이는 있기는 하지만 대부분의 경우에 상관관계는 볼 수 있다. 중요한 것은 강한 상관이 있느냐 없느냐이다. 그런데 몇 개 이상 있으면 상관이 강하다는 통계학적 기준은 없다. 기준은 분석자마다 경험적으로 판단해서 정하게 된다.

아래 표는 일반적인 기준이다(통계학적인 절대기준은 아니다). 단순상관계수가 마이너스인 경우는 절댓값(마이너스의 부호를 취한다)으로 이 표를 적용한다. 예를 들면 체력 측정에서 100m 달리기의 초속과 턱걸이 횟수의 단순상관계수가 −0.65였다고 한다. 절댓값 0.65는 이 표에서는 0.5~0.8의 범위에 해당하기 때문에 각 항목 간에는 관련이 있다고 할 수 있다.

단순상관계수의 판단 기준

단순상관계수의 절댓값	구체적으로 말한다면…	대충 말한다면…
0.8~1.0	강한 관련이 있다	
0.5~0.8	관련이 있다	관련이 있다
0.3~0.5	약한 관련이 있다	
0.3 미만	매우 약한 관련이 있다	관련이 없다
0	관련이 없다	

0.3이 경계

단순상관계수 산출 개념

그러면 어느 정도의 상관이 있는지를 수치로 나타내는 방법을 생각해보자.

구체 예

학생	A	B	C	D	E	F	G	H	I	J	평균
신장(cm)	146	145	147	149	151	149	151	154	153	155	150
체중(kg)	45	46	47	49	48	51	52	53	54	55	50

신장과 체중의 평균을 계산하면 각각 150cm, 50kg이다. 상관도를 그리고 그 안에 신장의 평균을 가로선에, 체중의 평균을 세로선으로 덧그린 것이 아래 그림이다.

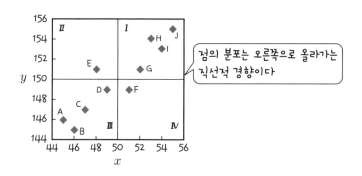

점의 분포는 오른쪽으로 올라가는 직선적 경향이다

평균선으로 구분된 4개의 영역을 각각 Ⅰ~Ⅳ라고 한다. 변수 x와 y가 무관계하다면 점은 4개의 영역 Ⅰ~Ⅳ에 균등하게 흩어져서 존재한다. x와 y 사이에 상관이 있고 x가 증가하면 y도 증가하는 경향이 있는 경우는, 점은 영역 Ⅰ과 Ⅲ에 많고 Ⅱ와 Ⅳ에 적어진다. 반대로 x가 증가하면 y가 감소하는 경향이 있는 경우는 Ⅱ와 Ⅳ에 많고 Ⅰ과 Ⅲ에 적다.

이 경우에는 영역 Ⅰ과 Ⅲ에 점이 많고 Ⅱ와 Ⅳ에 각각 하나씩밖에 점이 존재하지 않으므로 신장과 체중 사이에는 상관관계가 강하다고 추측할 수 있다.

데이터가 평균보다 위나 아래, 또는 오른쪽이나 왼쪽인가는 편차로 알 수 있다. 다시 말해 상관계수는 편차를 이용해서 구할 수 있다.

단순상관계수의 계산 방법

그러면 실제로 단순상관계수를 계산해보자.

구체 예

아래 표의 단순상관계수를 구할 경우 아래의 절차로 구한다.

	① 신장(cm)	② 체중(kg)	③	④	⑤	⑥	⑦
	y_i	x_i	$y_i - \bar{y}$	$x_i - \bar{x}$	$(y_i - \bar{y})^2$	$(x_i - \bar{x})^2$	$(y_i - \bar{y}) \times (x_i - \bar{x})$
A	146	45	-4	-5	16	25	20
B	145	46	-5	-4	25	16	20
C	147	47	-3	-3	9	9	9
D	149	49	-1	-1	1	1	1
E	151	48	1	-2	1	4	-2
F	149	51	-1	1	1	1	-1
G	151	52	1	2	1	4	2
H	154	53	4	3	16	9	12
I	153	54	3	4	9	16	12
J	155	55	5	5	25	25	25
합계	1500	500	0	0	104	110	98
평균	150	50			S_{yy}	S_{xx}	S_{xy}

$\bar{y} = 150$, $\bar{x} = 50$

① 신장과 체중의 데이터에 대해 편차(측정값에서 평균값을 뺀 값)를 구해서 표의 ③, ④ 예에 기입한다.

② 우선 ③예의 수치를 제곱하여 ⑤예에 기입한다.

③ 마찬가지로 ④예의 수치를 제곱하여 ⑥예에 기입한다.

④ ⑤예의 수치 합계를 구한다(이것을 신장 y의 편차제곱합이라고 하며 S_{yy}로 나타낸다)

⑤ 마찬가지로 ⑥예의 수치 합계를 구한다(체중 x의 편차제곱합이라고 하며 S_{xx}로 나타낸다)

⑥ ③예와 ④예의 수치를 곱셈하여 ⑦예에 기입한다(⑦예의 수치 합계를 가중합이라고 하고 S_{xy}로 나타낸다)

⑦ 아래의 식에서 단순상관계수를 구한다(단순상관계수는 가중합을 x의 편차제곱합과의 편차제곱합의 곱의 제곱근으로 나누어 구할 수 있다)

계산식

$$단순상관계수 \quad r = \frac{S_{xy}}{\sqrt{S_{xx} \times S_{yy}}}$$

그러면 신장과 체중의 데이터에 대해 단순상관계수를 구해보자.

$$r = \frac{S_{xy}}{\sqrt{S_{xx} \times S_{yy}}} = \frac{98}{\sqrt{110 \times 104}} = \frac{98}{\sqrt{11{,}440}} = \frac{98}{107} = 0.916$$

이렇게 해서 단순상관계수는 0.916인 것을 알 수 있다.

단순상관계수의 유의사항

p.58의 상관도에서 Ⅱ와 Ⅳ에 위치하는 것은 E와 F 2명, Ⅰ과 Ⅲ에 위치하는 것은 8명 이다. 표를 보면 E와 F 2명의 가중합은 마이너스, 기타 8명의 가중합은 플러스이다. 가중합의 합계는 마이너스와 플러스가 혼재하여 0에 가까울수록 상관계수는 낮아진다.

단순상관계수를 구할 수 없는 데이터

학생	A	B	C	D	E	F	G	H	I	J
신장(cm)	146	145	147	149	151	149	151	154	153	155
체중(kg)	50	50	50	50	50	50	50	50	50	50

이 표의 체중과 같이 데이터 값이 모두 같은 경우 단순상관계수는 구할 수 없다

16 Single regression equation
단순회귀식

【단순회귀식】 ▶ ▶ ▶ ▶ ▶ ▶ 단순회귀분석으로 구할 수 있는 함수식
사용할 수 있는 장면 ▶ ▶ ▶ 투자액과 리턴의 관계성을 검토할 때

산포도의 점들에 어떤 방향(경향)이 보일 때 직선을 그려보면, y축과 x축 항목 사이의 관계가 명확해진다. 이때, 직선을 그려보는 것을 관계식의 적용이라고 한다. 그리고 관계식을 구하는 통계적 수법을 단순회귀분석 또는 선형회귀분석이라고 한다.

단순회귀분석으로 구해지는 직선의 함수식($y = ax + b$)을 단순회귀식이라고 한다.

단순회귀식 $y = ax + b$는 다음의 공식으로 구할 수 있다.

계산식

$y = ax + b$의 기울기 a와 y축 절편 b

$$a = \frac{S_{xy}}{S_{xx}}, \quad b = \overline{y} - a\overline{x}$$

※ S_{xy}, S_{xx}는 p.60에서 나타낸 가중합과 편차제곱합

문제

매출과 광고비의 상관도에 단순회귀분석으로 구한 직선을 그렸다. 이 단순선형회귀식을 구하시오.

영업소	광고비	매출
A	500	8
B	500	9
C	700	13
D	400	11
E	800	14
F	1,200	17

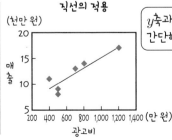

직선의 적용

(천만 원)

매출

광고비

(만 원)

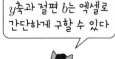

y축과 절편 b는 엑셀로 간단하게 구할 수 있다

p.60의 절차를 이용하면 아래 표와 같이 수치를 구할 수 있다.

	①	②	③	④	⑤	⑥	⑦
영업소	매출 y_i	광고비 x_i	$y_i - \bar{y}$	$x_i - \bar{x}$	$(y_i - \bar{y})^2$	$(x_i - \bar{x})^2$	$(y_i - \bar{y}) \times (x_i - \bar{x})$
A	8	500	-4	-183	16	33,611	733
B	9	500	-3	-183	9	33,611	550
C	13	700	1	17	1	278	17
D	11	400	-1	-283	1	80,278	283
E	14	800	2	117	4	13,611	233
F	17	1,200	5	517	25	266,944	2,583
합계	72	4,100	0	0	56 S_{yy}	428,333 S_{xx}	4,400 S_{xy}
평균	12 $\bar{y}$	683 $\bar{x}$					⑧

여기에서 $y = ax + b$의 a와 b는 아래와 같이 구할 수 있다.

$$a = \frac{S_{xy}}{S_{xx}} = \frac{4,400}{428,333} = 0.0103$$

$b = 12 - 0.0103 \times 683 = 4.98$

따라서, $y = 0.0103x + 4.98$

A. $y = 0.0103x + 4.98$

상관관계의 세기(강도)와 크기란

단순상관계수를 r, 단순회귀식을 $y = ax + b$라고 한다. r은 세기, a는 크기를 파악하는 지표이다. 그러면 매출과 광고비의 관계의 세기와 크기란 무엇일까.

단순상관계수 r은 광고비를 투입하면 매출은 어떻게 변하는가? 즉 광고비는 매출에 영향을 미치는가를 파악하는 지표다. r은 경향(영향)의 정도를 수치화한 것으로 매출에 대한 광고비의 세기를 나타낸다.

단순회귀식의 계수 a는 광고비를 △만 원 투입하면 매출은 ▲만 원 전망할 수 있는가, 즉 매출에 대한 광고비의 공헌 금액은 어느 정도일까를 파악하는 지표다. a는 공헌 금액을 수치화한 것으로 매출에 대한 광고비의 크기를 나타낸다.

문 제

전년도와 올해 2년간에 대해 매출과 광고비를 조사한 결과 아래 표의 결과가 얻어졌다. 광고비의 매출에 대한 세기와 크기를 구하시오.

전년도

영업소	매출(천만 원)	광고비(백만 원)
A	7	1
B	8	2
C	10	3
D	9	4
E	11	5

올해

영업소	매출(천만 원)	광고비(백만 원)
A	9	1
B	6	2
C	9	3
D	7	4
E	14	5

해 답

아래 표 및 아래 그림과 같이 광고비 대비 매출의 세기는 올해 0.63으로, 지난해의 0.90보다 감소했다.

반면, 광고비 대비 매출의 크기는 올해 1,300만 원으로 지난해의 900만 원보다 증가했다. 즉 단순상관계수 r의 값이 크다고(강하다고) 해서 광고비에 대한 매출도 커지는 것은 아니다.

	전년도	올해
단순상관계수	0.90	0.63
단순회귀식	$y = 0.9x + 6.3$	$y = 1.3x + 5.1$
세기	0.90	0.63
크기	0.9(천만 원) → 900만 원	1.3(천만 원) → 1,300만 원

※ 크기의 데이터 단위는 매출의 천만 원

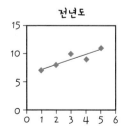

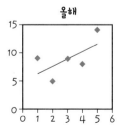

17 Crosstabs
크로스 집계

【크로스 집계】 ▶▶▶▶▶▶ 두 변수에 대해 해당 수를 표로 정리해서 인과관계를 밝히는 방법
사용할 수 있는 장면 ▶▶▶ 어느 속성의 사람들이 제품의 만족도가 높은지를 알고 싶을 때, 제품에 만족한 이유를 알고 싶을 때

　크로스 집계(교차집계표, 이원분할표)는 카테고리 데이터인 두 항목(변수)을 크로스해서 집계표를 작성함으로써 항목 상호의 관계를 밝히는 해석 수법이다. 예를 들면 컴퓨터 보유자의 비율이나 제품 만족도와 같이 밝히고 싶은 사항을 **목적변수**(또는 결과변수)라고 한다. 이에 대해 어떤 속성(성별, 연령, 지역 등)의 사람들이 만족률이 높은지, 또 어떤 이유(제품의 기능, 애프터케어 등)로 만족률이 높은지를 밝힐 때 사람들의 속성과 이유를 **설명변수**(또는 원인변수)라고 한다.

　크로스 집계는 설명변수와 목적변수의 관계를 밝히는 수법이다. 원인과 결과의 관계, 즉 인과관계를 해명하는 방법이라고도 할 수 있다.

구체 예

두 질문 항목 각각의 카테고리 데이터를 동시에 분류(분류 항목)하고 해당하는 셀(집계 항목)에 응답 인수 및 응답 비율을 기입한 표를 크로스 집계표라고 한다.
아래 크로스 집계표의 * 표시가 붙은 셀을 살펴보자.

크로스 집계표

분류 항목 ╲ 집계 항목		전체	제품 구입 의향 유무	
			있다	없다
전체		300 100%	135 45%	165 55%
지역	서울	200 100%	* 102 51%	98 49%
	부산	100 100%	33 33%	67 67%

표머리 항목 또는 집계 항목

표측 항목 또는 분류 항목

상단 : 응답 인수　하단 : 응답 비율

하단은 서울에 거주하는 사람이고 상품 구입 의향이 '있다'고 응답한 사람이 102명 있다는 것을 나타내고, 하단은 서울 거주자 200명 중 '있다'고 응답한 102명의 비율(응답 비율)인 51%를 나타낸다.

크로스 집계표에서 표의 상측에 위치하는 항목을 표머리 항목(또는 집계 항목), 표의 좌측에 위치하는 항목을 표측 항목(또는 분류 항목)이라고 한다.

또한 이러한 크로스 집계표를 작성할 때 '표측 항목과 표머리 항목을 크로스 집계한다' 또는 '표머리 항목을 표측 항목으로 분할(break down)한다'고 한다.

크로스 집계표에서 인과관계가 서로 교차된다

크로스 집계의 종류와 보는 방법

크로스 집계표의 종류

앞 페이지의 크로스 집계표는 가장 왼쪽 열의 응답 인수에 대한 비율을 계산한 것이므로 가로 비율의 합계가 100%가 된다. 이 표를 가로%표라고 한다. 가장 위쪽의 행의 응답 인수에 대한 비율을 계산한 표는 세로%표라고 한다.

보통 크로스 집계표는 가로%표를 적용한다. 세로%를 구할 때는 표측을 제품 구입 의향 유무, 표머리를 지역과 역전시켜서 가로%를 산출한다.

목적에 따라서 비율만인 표를 작성하는 일이 있고 그 경우 %베이스의 응답 인수를 표 바깥에 표기한다(표기 예 : 아래 표란 바깥).

p.64의 표와 같이 응답 인수와 비율을 병기한 표를 병기표, 아래 표와 같이 비율만 표기하는 표를 분리표라고 한다.

크로스 집계표 : 분리표

		전체	제품 구입 의향 유무		n
			있다	없다	
		100%	45%	55%	300
지역	서울	100%	51%	49%	200
	부산	100%	33%	67%	100

제품 구입 의향 유무 n은 %베이스의 응답 인수. 보통은 n이라고 표기한다

집계 항목, 분류 항목의 결정 방법

크로스 집계표를 가로%표로 작성하는 경우 크로스 집계표의 표머리는 목적변수 (결과변수)의 항목, 표측은 설명변수(인과변수)의 항목으로 한다.

크로스 집계표 보는 방법

가로%표는 집계 항목의 임의의 카테고리에 정하고 그 카테고리의 비율을 세로의 비율과 비교한다.

p.65의 크로스 집계표는 제품 구입 의향 유무가 '있다'고 대답한 대상자 비율은 서울 51%, 부산 33%로 서울이 부산보다 높다고 해석한다.

%베이스의 n수

%베이스의 응답 수를 n수 또는 n이라고 한다. n수가 30 미만인 경우 응답 비율의 변동이 커지므로 응답 비율은 참고값으로 한다.

예를 들어 n이 10일 때, 응답 수가 1 변화하면 10%나 변화하지만, n이 30인 경우는 3.3%밖에 변화하지 않기 때문이다(아래 표).

n	있다	없다
10 100%	5 50%	5 50%
10 100%	6 60%	4 40%
변화	10%	

n	있다	없다
30 100%	15 50%	15 50%
30 100%	16 53.3%	14 46.7%
변화	3.3%	

크로스 집계표를 보는 방법의 포인트
집계는 가로로! 해석은 세로로!

18 | Risk ratio
위험비

【위험비】 ▶▶▶▶▶▶▶▶ 어느 요인이 어느 정도 집단에 영향을 미칠지를 나타내는 수치로
대비한 것

사용할 수 있는 장면 ▶▶▶ 흡연하는 사람과 하지 않는 사람의 질병에 걸릴 위험비를 알고자
할 때 등

별칭 ▶▶▶▶▶▶▶▶▶▶ 상대위험도

위험비란 임상 통계에서 자주 사용하는 지표로 폭로군과 비폭로군의 이환율의 비를 가리킨다. 간단하게 말하면 **어느 상황에 놓인 사람이 질병에 걸릴 위험도(리스크)와 놓이지 않은 사람의 위험도의 비율**이다. 리스크란 위험이나 우려라는 의미이다. 이 경우의 리스크란 어느 질환에 걸릴 비율(확률)을 가리킨다.

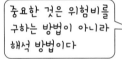

중요한 것은 위험비를
구하는 방법이 아니라
해석 방법이다

문제

아래 표에서 심혈관질환으로 사망한 사람 중에서 흡연자와 비흡연자 사이에 차이가 있는지 없는지를 구하시오.

**조사 개시 후 10년간에 심혈관질환이 원인으로
사망한 사람의 비율(흡연 vs 비흡연)**

	심혈관질환에 의한 사망
흡연(1만 명)	700명
비흡연(1만 명)	300명

흡연 유무와 심혈관질환에 의한 사망인가 그렇지 않은가에 따라 크로스 집계표를 만든다.

조사 결과의 분할표

	심혈관질환에 의한 사망		가로합	비율
	있음	없음		
흡연	700	9,300	10,000	7%
비흡연	300	9,700	10,000	3%

분할표의 '있음'을 가로합으로 나누어 얻어진 비율을 위험(리스크)이라고 한다.
리스크란 말 그대로 의미로 위험이나 우려를 말한다.
심혈관질환이 원인으로 사망한 사람의 비율은 흡연자 7%, 비흡연자 3%이다. 흡연자가 비흡연자에 비해 어느 정도 높은 비율로 심혈관질환이 원인으로 사망하는지를 알려면 흡연자의 비율(7%)을, 비흡연자의 비율(3%)로 나누면 된다.

$$7 \div 3 = 2.3$$

이 값이 위험비이다.
이 사례에서는 심혈관질환이 원인으로 사망하는 흡연자의 위험(비율)은 비흡연자에 비해 2.3배 높다고 해석할 수 있다.
이처럼 위험비의 해석은 간단하다. 값이 높을수록 어느 상황하에 있는 사람은 그 상황하에 없는 사람에 비해 어느 질환에 이환 또는 어느 질환으로 사망할 위험도가 더욱 높아진다고 해석할 수 있다.

A. 흡연자의 사망 위험은 비흡연자의 2.3배

19 | Odds ratio 오즈비

【오즈비】 ▶ ▶ ▶ ▶ ▶ ▶ ▶ 어느 사상이 일어나는 정도를 두 개 군으로 비교해서 나타내기 위한 척도

사용할 수 있는 장면 ▶ ▶ ▶ 두 광고의 광고 효과를 비교할 때 등

오즈(Odds)는 경마 등 내기에서 자주 사용되며 친숙한 단어라고 생각한다. 어느 상황이 다른 상황에 비해 일어나기 쉬운 비율(확률)을 말한다.

그러면 구체적인 예를 들어 오즈비란 무엇인지 살펴보자.

구체 예

p.68의 사례를 이용해서 오즈비에 대해 설명한다.

흡연자의 심혈관질환으로 인한 사망자 수를 비흡연자의 사망자 수로 나눈 값이 오즈에 해당한다. 마찬가지로 흡연자 중에서 사망하지 않은 인수를 비흡연자의 사망하지 않은 인수로 나눈 값도 오즈라고 한다.

	심혈관질환에 의한 사망		가로합	비율
	해당	비해당		
흡연	700	9,300	10,000	7%
비흡연	300	9,700	10,000	3%
오즈(비율)	2.3	0.96		

위험비	2.3
오즈비	2.4

위 표에 있듯이 심혈관질환에 의한 사망자(사망 있음) 중 흡연자의 사망자(700명)는 비흡연자의 사망자(300명)에 비해 2.3배이다. 즉 사망자 수 오즈는 2.3이다.

심혈관질환에 의한 사망이 아닌 사망자 중 흡연자(9,300명)는 비흡연자(9,700명)에 비하면 0.96배이다. 즉 비사망자 수 오즈는 0.96이다. 이때의 사망자 수 오즈와 비사망자 수 오즈의 비를 오즈비라고 한다. 이 경우의 오즈비는 다음의 계산식으로 산출할 수 있다.

2.3 ÷ 0.96 = 2.4

오즈비의 값은 2.4이므로 흡연 유무는 심혈관질환에 의한 사망에 영향을 미치는 요인이라고 할 수 있다.

여기서 유의해야 할 것은 흡연자가 심혈관질환으로 사망할 위험은 비흡연자에 비해 2.4 배라고 받아들여서는 안 된다!는 점이다.

흡연은 건강에 좋지 않다는 것은 알 수 있지만 흡연자는 비흡연자와 비교해서 몇 배 정도 심혈관질환으로 사망할 가능성이 높은지까지는 알 수 없다. 왜냐하면 심혈관질환으로 사망한 사람의 흡연에 관한 오즈와 사망하지 않은 사람의 흡연에 관한 오즈에서 흡연하면 어느 정도 심혈관질환으로 사망할 위험성이 높은지를 도출할 수는 없기 때문이다.

이것은 위험비(상대위험도)로밖에 해석할 수 없다.

위험도와 오즈의 차이

- 위험도 : 전체에 대한 이벤트가 일어난 사람의 비율
- 오즈 : 이벤트가 일어난 사람과 일어나지 않은 사람의 비

혼동하기 쉽지만 둘의 차이는 명확하다

20 | Cramér's coefficient of association
크라메르 관련계수

【크라메르 관련계수】 ▶▶▶▶▶▶ 두 카테고리 데이터의 상관관계를 나타내는 지표
사용할 수 있는 장면 ▶▶▶▶▶▶ 성격과 취미 사이에 관련성이 있는지를 알고자 할 때

크라메르 관련계수는 두 카테고리 데이터의 상관계수를 파악하는 해석 방법이다.

구체 예

아래의 크로스 집계표는 유권자의 소득 계층과 지지 정당의 관계를 본 것이다.

	응답 인수				응답 비율			
	A정당	B정당	C정당	가로합	A정당	B정당	C정당	가로합
전체	150	170	180	500	30%	34%	36%	100%
저소득층	30	45	75	150	20%	30%	50%	100%
중소득층	60	45	45	150	40%	30%	30%	100%
고소득층	60	80	60	200	30%	40%	30%	100%

응답 비율을 보면 A정당은 중소득층, B정당은 고소득층, C정당은 저소득층이 타 소득
자층을 웃돌며 소득의 차이에 따라 지지하는 정당이 다른 것을 알 수 있다. 여기에서
소득자층과 지지 정당과는 관련성이 있다고 할 수 있다. 다만 관련성을 알 수는 있지
만 크로스 집계표에서는 관련성의 높이까지는 알 수 없다.
이럴 때 크로스 집계표의 관련성, 즉 카테고리 데이터인 두 항목 간의 관련성의 높이
를 확실하게 하는 해석 수법이 크라메르 관련계수이다.

> 크라메르 관련계수는 0~1 사이의 값으로
> 값이 클수록 관련성은 크다

크라메르 관련계수는 몇 가지 이상 있어야 관련성이 있다는 통계학적 기준은 없다. 크로스 집계표를 보는 한 관련성이 있는 것처럼 보여도 크라메르 관련계수의 값은 큰 값을 나타내지 않는 것을 고려해서 일반적으로 기준은 아래 표와 같이 설정되어 있다.

크라메르 관련계수의 판단 기준

크라메르 관련계수	구체적으로 말한다면…	대략 말한다면…
0.5 ~ 1.0	강한 관련이 있다	관련이 있다
0.25 ~ 0.5	관련이 있다	
0.1 ~ 0.25	약한 관련이 있다	
0.1 미만	매우 약한 관련이 있다	관련이 없다
0	관련이 없다	

← 0.1이 경계

크라메르 관련계수의 계산 방법

기대도수

소득자층과 지지 정당의 크로스 집계표(아래 표)에서 응답 인수의 가로합과 세로합을 곱해서 전체 응답 인수로 나눈 값을 기대도수라고 한다.

응답 인수

	A정당	B정당	C정당	가로합
전체	150	170	180	500
저소득자층	30	45	75	150
중소득자층	60	45	45	150
고소득자층	60	80	60	200

응답 인수

	A정당	B정당	C정당
저소득자층	150 × 150 ÷ 500=45	170 × 150 ÷ 500=51	180 × 150 ÷ 500=54
중소득자층	150 × 150 ÷ 500=45	170 × 150 ÷ 500=51	180 × 150 ÷ 500=54
고소득자층	150 × 200 ÷ 500=60	170 × 200 ÷ 500=68	180 × 200 ÷ 500=72

크라메르 관련계수

우선 기대도수의 가로%를 산출한다.

	기대도수				가로%표			
	A정당	B정당	C정당	가로합	A정당	B정당	C정당	가로합
전체	150	170	180	500	30%	34%	36%	100%
저소득층	45	51	54	150	30%	34%	36%	100%
중소득층	45	51	54	150	30%	34%	36%	100%
고소득층	60	68	72	200	30%	34%	36%	100%

기대도수의 가로%는 모든 소득자층이 전체와 일치한다. 이러한 집계 결과가 얻어진 경우 소득자층과 정당 지지율은 관련성이 전혀 없다고 할 수 있고, 크라메르 관련계수는 0이 된다.

조사에서 얻어진 크로스 집계표의 응답 인수를 실측도수라고 한다.

실측도수와 기대도수의 값을 비교하여 값이 일치하면 크라메르 관련계수는 0, 값의 차이가 커질수록 크라메르 관련계수는 커진다고 생각한다.

이 생각에 기초해서 다음에 나타내는 식에서 각 셀의 값을 계산한다.

(실측도수−기대도수)^2 / 기대도수

	A정당	B정당	C정당
저소득자층	$(30-45)^2/45$	$(45-51)^2/51$	$(75-54)^2/54$
중소득자층	$(60-45)^2/45$	$(45-51)^2/51$	$(45-54)^2/54$
고소득자층	$(60-60)^2/60$	$(80-68)^2/68$	$(60-72)^2/72$

A정당	B정당	C정당
5.0000	0.7059	8.1667
5.0000	0.7059	1.5000
0.0000	2.1176	2.0000

➡ 합계 25.1961

셀의 값을 합계해서 얻어진 값을 카이제곱값이라고 한다.

크라메르 관련계수 r은 카이제곱값을 이용한 다음의 계산식으로 구할 수 있다.

계산식

$$\text{크라메르 관련계수 } r = \sqrt{\frac{\text{카이제곱값}}{n(k-1)}}$$

※ k는 크로스 집계표 2항 범주의 항목수 중 작은 값
(이 사례의 경우는 모두 카테고리 수는 3이므로 3이 된다)

위의 계산식에 값을 대입하면 크라메르 관련계수는 아래와 같이 구할 수 있다.

$$r = \sqrt{\frac{25.1961}{500(3-1)}}$$
$$= 0.1587$$

21 Correlation ratio
상관비

【상관비】 ▶▶▶▶▶▶▶ 카테고리 데이터와 수량 데이터의 상관관계를 나타내는 지표
사용할 수 있는 장면 ▶▶▶ 사원여행 행선지 설문조사에서 가고 싶은 장소와 연령 사이에 관련
성이 있는지 조사할 때 등

상관비는 카테고리 데이터와 수량 데이터의 상관관계를 파악하는 해석 방법이다.

구체 예

15명의 소비자로부터 설문조사를 해서 좋아하는 제품과 연령의 관계를 조사하기로 한
다. 좋아하는 제품은 카테고리 데이터, 연령은 수량 데이터이다. 카테고리 데이터와 수
량 데이터의 기본적인 해석 방법은 카테고리별 평균을 산출하는 것이다. 그래서 카테
고리별 평균으로 제품별 평균 연령을 구한다.

15명의 응답 데이터를 제품별로 분류하여 제품별 평균 연령을 계산하면 아래 표와 같
았다.

응답 데이터

	연령(세)	좋아하는 제품
1	24	C
2	43	B
3	35	A
4	48	B
5	35	C
6	38	B
7	20	C
8	38	C
9	40	B
10	36	A
11	29	A
12	41	B
13	29	C
14	32	A
15	22	C

제품별 연령 데이터

A	B	C
29	38	20
32	40	22
35	41	24
36	43	29
	48	35
		38

제품별 연령 평균값

	A	B	C	전체
합계	132	210	168	510
응답 인수	4	5	6	15
평균값	33	42	28	34

제품별 평균 연령에 차이가 있음을 알 수 있다. 차이가 있다는 것은 어느 특정 연령층에서 특정 제품에 대한 지향성이 높다는 얘기이므로, 연령과 제품에는 관련성이 있다고 판단할 수 있다.

그러나 카테고리별 평균으로는 관련성의 강약까지는 알 수 없다.

그래서 카테고리 데이터와 수량 데이터의 관련성의 세기를 밝히는 해석 방법이 상관비이다. 상관비는 0~1의 사이의 값으로, 값이 클수록 관련성이 높다.

상관비의 수치가 몇 개 이상 있으면 관련성이 있다는 통계학적 기준은 없다. 평균을 보는 한에서는 관련성이 있다고 생각돼도 상관 값은 큰 값을 나타내지 않는 것을 고려해서 일반적으로는 아래 표와 같은 기준이 설정되어 있다.

상관비의 판단 기준

Cramer 연관계수	구체적으로 말한다면…	대략 말한다면…
0.5 ~ 1.0	강한 관련이 있다	
0.25 ~ 0.5	관련이 있다	관련이 있다
0.1 ~ 0.25	약한 관련이 있다	
0.1 미만	매우 약한 관련이 있다	관련이 없다
0	관련이 없다	

← 0.1이 경계

상관비를 산출하는 개념

구체 예의 제품별 연령 폭을 보면 제품 A를 지향하는 그룹은 29~36세, 제품 B를 지향하는 그룹은 38~48세, 상품 C를 지향하는 그룹은 20~38세로 연령 폭에 차이를 볼 수 있다. 앞서 말한 구체 예의 데이터를 그래프(아래 그림)로 하면 연령층의 차이가 보다 명확하다.

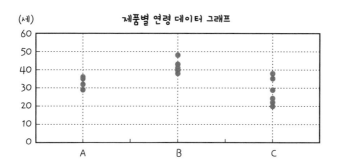

위 그림과 같이 연령층에 차이가 있을 때 제품과 연령은 관련이 있다고 생각한다. 연령 폭이 어떤 때에 가장 관련이 있고 없는지를 구분하는 방법은 아래 그림과 같다.

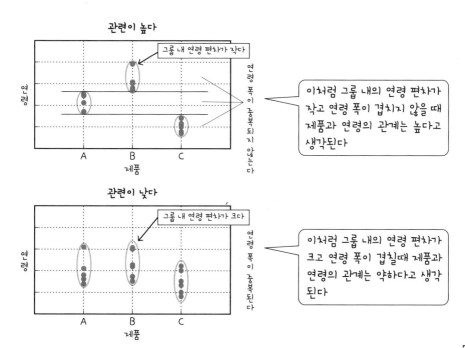

군내변동, 군간변동이란

그룹 내의 변동을 **군내변동**(With-group variation)이라고 한다.

그러면 아래 표의 제품 연령별 데이터에 대해 그룹 내의 변동을 계산해보자. 변동은 편차제곱합으로 계산한다.

제품별 연령 데이터

	A	B	C
	29	38	20
	32	40	22
	35	41	24
	36	43	29
		48	35
			38
평균	33	42	28

편차제곱합

A		B		C	
$(29-33)^2$	16	$(38-42)^2$	16	$(20-28)^2$	64
$(32-33)^2$	1	$(40-42)^2$	4	$(22-28)^2$	36
$(35-33)^2$	4	$(41-42)^2$	1	$(24-28)^2$	16
$(36-33)^2$	9	$(43-42)^2$	1	$(29-28)^2$	1
		$(48-42)^2$	36	$(35-28)^2$	49
				$(38-28)^2$	100
합계	30 S_1		58 S_2		266 S_3

3가지 편차제곱합을 합계한 값을 군내변동이라고 하고 S_w라고 한다.

$$S_w = S_1 + S_2 + S_3 = 30 + 58 + 266 = 354$$

연령 폭이 중복되지 않는다는 것은 연령 폭이라는 세 그룹의 변동이 크다는 것을 의미한다. 반대로 연령 폭이 중복되었다는 것은 세 그룹의 변동이 작다는 것을 의미한다.

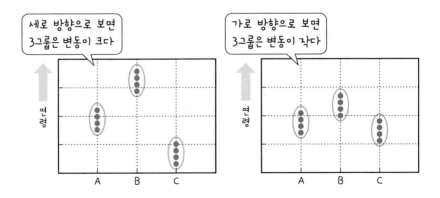

연령 폭의 변동, 즉 그룹 간의 변동은 각 그룹의 평균과 전체 평균과의 차이에서 구해지고 이것을 군간변동(Between the groups change)이라고 하며 Sb로 나타낸다.

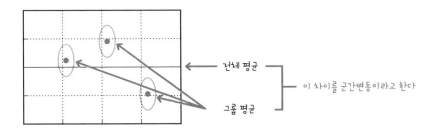

전체 평균

이 차이를 군간변동이라고 한다

그룹 평균

세 그룹의 평균을 $\bar{U}_1, \bar{U}_2, \bar{U}_3$ 전체 평균을 $\bar{U}$이라고 한다. 또한 세 그룹의 응답 인수를 n_1, n_2, n_3이라고 하자. 이때 군간변동은 다음에 나타내듯이 개개의 평균과 전체 평균의 차이의 제곱에 각 그룹의 인수를 곱해서 구할 수 있다.

$$S_b = n_1(\bar{U}_1 - \bar{U})^2 + n_2(\bar{U}_2 - \bar{U})^2 + n_3(\bar{U}_3 - \bar{U})^2$$
$$= 4 \times (33-34)^2 + 5 \times (42 - 34)^2 + 6 \times (28 - 34)^2 = 540$$

상관비의 계산 방법

그룹 내의 연령 편차가 작고 연령 폭이 겹치지 않는, 다시 말해 군내변동이 작고 군간변동이 클 때 관련이 있다고 할 수 있다. 그래서 2개의 변동 합계에 대한 군간변동의 비율을 구한다. 이것을 상관비(Correlation ratio)라고 하고 η^2(에타제곱)으로 나타낸다.

계산식

$$\eta^2 = \frac{S_b}{S_w + S_b}$$

※ S_b : 군간변동, S_w : 군내변동

제품 연령별 데이터 수치를 앞서 말한 계산식에 대입하면 상관비는 아래와 같이 구할 수 있다.

$$S_w + S_b = 354 + 540 = 894$$

따라서 $\eta^2 = \dfrac{540}{894} = 0.604$

상관비의 식을 보면 가장 관련이 높을 때 군내변동 S_w는 0, 즉 그룹 내에 속한 데이터가 모두 같으며 η^2는 1이 된다. 반대로 가장 관련이 약할 때 군간변동 S_b는 0, 즉 그룹 평균이 모두 같아지고 η^2는 0이 된다.

구체 예

아래 여섯 케이스의 제품별 연령 데이터에 대해 제품별 연령 평균을 구한 것이다.

	평균값				상관비
	A	B	C	전체	
케이스1	34	39	29	34	0.5040
케이스2	34	38	30	34	0.3941
케이스3	34	37	31	34	0.2679
케이스4	34	36	32	34	0.1399
케이스5	34	35	33	34	0.0410
케이스6	34	34	34	34	0.0000

케이스1~6 모두 전체 평균은 같지만 제품별 평균 연령은 다르다. 각 케이스의 제품별 평균 연령의 차이가 작아짐에 따라 상관비는 작아진다. 케이스1~4에서는 제품 간의 평균값에 차이가 보이지만 케이스5는 차이가 있는지 없는지는 확실하지 않고 케이스6은 차이가 없다고 할 수 있다. 이 점에서도 상관비는 약 0.1보다 크다면 평균값에 차이가 있고 두 항목 간에 관련이 있다고 판단할 수 있다.

상관비의 기준

0.1보다 큰 경우 관련성이 있다

22 | 스피어만 순위상관계수
Spearman's rank correlation coefficient

【스피어만 순위상관계수】 ▶순서 척도의 상관관계를 나타내는 지표
사용할 수 있는 장면 ▶ ▶ ▶ 직장 환경의 만족도(5단계 평가)와 종업원의 종합 기업 만족도의
상관의 강약을 알고자 할 때 등

　스피어만 순위상관계수는 순위 데이터와 5단계 평가 데이터 등 순서 척도의 상관계
수를 파악하는 해석 수법이다. 스피어만의 순위상관계수는 −1에서 1의 값을 취한
다. 스피어만의 순위상관계수의 값이 ±1에 가까우면 강한 상관관계가 있다고 하고, 반대
로 0에 가까우면 약한 상관관계가 있다고 할 수 있다.

　0인 경우만 상관관계가 없다. 믿을 수 없겠지만 불과 0.005라도 상관은 약하지만
있다.

　따라서 강약의 차이는 있지만 대부분의 경우에 상관관계는 볼 수 있다. 중요한 것
은 약한 상관이 있느냐의 여부이다.

　그런데 몇 개 이상 있어야 상관이 높다라고 정해진 통계학적 기준은 없다. 기준은
분석자가 각각 경험적인 판단에서 정하게 된다. 아래 표는 일반적인 판단 기준이다.
값이 마이너스인 경우는 절댓값(마이너스 부호를 취한다)으로 이 표를 적용한다.

스피어만 순위상관계수의 판단 기준

스피어만 순위상관계수의 절댓값	구체적으로 말한다면…	대략 말한다면…
0.8 ~ 1.0	강한 관련이 있다	
0.5 ~ 0.8	관련이 있다	관련이 있다
0.3 ~ 0.5	약한 관련이 있다	
0.3 미만	매우 약한 관련이 있다	관련이 없다
0	관련이 없다	

← 0.3이 경계

각종 경계

- 크라메르 관련계수의 경계 : 0.1
- 상관비의 경계 : 0.1
- 단순상관계수의 경계 : 0.3
- 스피어만 순위상관계수의 경계 : 0.3

여기까지 등장한 일반적인 경계를 정리했다

순서 척도 데이터의 타이 길이와 순위

타이(tie)란 같은 순위를 말한다. 1위가 2명 있고, 그 다음 사람이 3위가 되는 것이 일반적이다.

문제

호텔의 고객 만족도 조사(5단계 평가)를 한 결과 아래 표의 결과가 얻어졌다. 사우나의 만족도에 대해 '다소 만족'의 타이 길이를 구하시오.

No	사우나의 만족도	호텔 종합 만족도
1	3	4
2	3	3
3	3	2
4	3	2
5	4	2
6	2	3
7	4	4
8	4	4
9	2	4
10	5	5

1 : 불만, 2 : 다소 불만, 3 : 어느 쪽도 아니다, 4 : 다소 만족, 5 : 만족

해답

아래 ①, ②의 순서대로 구할 수 있다.

① 우선 사우나의 만족도 데이터를 내림순 또는 오름순으로 재나열한다.

② 동 순위의 개수를 헤아린다.

같은 순위의 개수를 '타이의 길이'라고 하고 t로 나타낸다.

사우나의 만족도 '다소 만족'에 해당하는 '4'는 3개 있으므로 t는 3.

No	사우나의 만족도
6	2
9	2
1	3
2	3
3	3
4	3
5	4
7	4
8	4
10	5

A. 3

스피어만 순위상관계수의 계산 방법

계산식

스피어만 순위상관계수를 r이라고 하면

- 동 순위가 없는 경우 : $r = 1 - \dfrac{6\Sigma d^2}{n^3 - n}$

- 동 순위가 있는 경우 : $r = \dfrac{T_x + T_y - \Sigma d^2}{2\sqrt{T_x T_y}}$

※ x, y는 두 항목 각각의 타이의 합계

$T_x = (n^3 - n - x) \div 12$, $T_y = (n^3 - n - y) \div 12$

앞서 말한 계산식을 활용하여 스피어만 순위상관계수를 구하기 위해, 앞서 말한 해답에서 나타낸 ①, ②에 이어서 아래의 순서에 따라 계산을 진행한다.

③ $t^3 - t$를 구하고 합계 $\Sigma (t^3 - t)$(타이 합계라고 부른다)을 구한다. 그 결과 사우나의 만족도 합계는 90인 것을 알 수 있다.

④ 순위를 구한다. 동 순위가 있는 경우는 그 평균을 순위로 한다. 예를 들어 다소 만족인 '4'는 7~9위에 위치하므로 '7, 8, 9'의 평균인 8을 순위로 한다.

⑤ 오른쪽 끝의 순위 1은 No.1~10의 사우나의 만족도 순위이다.

No	사우나의 만족도	타이의 길이 t	$t^3 - t$		순위
6	2	2	6	1	1.5
9	2			2	1.5
1	3	4	60	3	4.5
2	3			4	4.5
3	3			5	4.5
4	3			6	4.5
5	4	3	24	7	8
7	4			8	8
8	4			9	8
10	5	1	0	10	10
		$\Sigma (t^3 - t)$	90		

No	순위 1
1	4.5
2	4.5
3	4.5
4	4.5
5	8
6	1.5
7	8
8	8
9	1.5
10	10

⑥ 사우나의 만족도 순위를 '순위 1', 호텔 종합 만족도 순위를 '순위 2'라고 하자.
또한 순위 1과 순위 2의 차분을 'd'라고 한다.

⑦ d의 제곱을 구하고 $\sum d^2$을 구한다(아래 표와 같이 103)

No	사우나의 만족도 순위 1	호텔 종합 만족도 순위 2	차분 d	d^2
1	4.5	7.5	-3	9
2	4.5	4.5	0	0
3	4.5	2	2.5	6.25
4	4.5	2	2.5	6.25
5	8	2	6	36
6	1.5	4.5	-3	9
7	8	7.5	0.5	0.25
8	8	7.5	0.5	0.25
9	1.5	7.5	-6	36
10	10	10	0	0
			$\sum d^2$ = 103	

⑧ 여기서 사우나의 타이 합계 x, 호텔 종합 만족도의 타이 합계를 y라고 하면
$x = 90$, $y = 90$

⑨ 계산식에 수치를 대입하고 T_x 과 T_y 를 구하면
$T_x = (n^3 - n - x) \div 12 = (1000 - 10 - 90) \div 12 = 75$
$T_y = (n^3 - n - y) \div 12 = (1000 - 10 - 90) \div 12 = 75$

※n은 샘플 사이즈

이 문제는 동 순위가 있기 때문에

$$r = \frac{T_x + T_y - \Sigma\, d^2}{2\sqrt{T_x T_y}}$$

$$r = \frac{75 + 75 - 103}{2 \times \sqrt{75 \times 75}} = \frac{47}{150} = 0.3133$$

따라서 사우나의 만족도와 호텔 종합 만족도의 스피어만 순위상관계수는 0.3133인 것을 알 수 있다.

단순상관계수는 두 변량에 직선적인 상관관계가 있으면 적용되지만, 그렇지 않은 경우와 데이터의 순위밖에 모르는 경우도 있다. 그럴 때 유효한 것이 스피어만 순위상관계수이다

긴 장이었다냥~

만족도-중요도 분석

개선해야 할 요소를 찾는다

악평에 이유 있다

Importance-Performance Analysis

만족도-중요도 분석(IPA) 그래프

【IPA 그래프】 ▶▶▶▶▶▶ 고객 만족도의 정도를 설문 조사 등으로 가시화한 것
사용할 수 있는 장면 ▶▶▶ 고객을 더 만족시키기 위해 어느 요소의 개선에 주력해야 할지를 알고 싶을 때 등

IPA(Importance-Performance Analysis)란 고객 만족도를 말하며 고객이 제품이나 서비스를 받았을 때 그 제품과 서비스에 느끼는 만족도를 가리킨다.

IPA 그래프란 고객 만족도의 정도를 설문조사 등으로 가시화한 것으로 각 요소의 만족도를 세로축, 중요도를 가로축으로 해서 작성한 상관도이다(아래 그림)

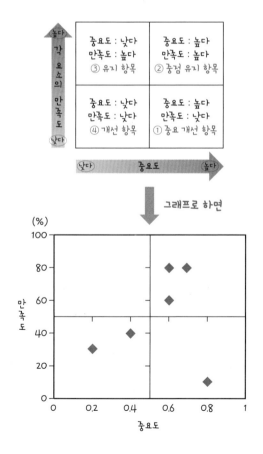

만족도의 평균값을 가로선, 중요도의 평균값을 세로선으로 긋고 IPA 그래프를 4개의 영역으로 나눈다. 오른쪽 아래 영역에 위치하는 요소는 중요도는 높은데 만족도가 낮으므로 우선적으로 개선해야 할 요소가 된다.

한편 일반적으로 중요도에는 **상관계수**를 이용한다. 상관계수란 종합 만족도라는 평가 항목을 1문항 설정하고 그 종합 만족도와 그 이외의 다양한 만족도 평가 항목과의 상관성을 산출한 것이다.

상관계수가 클수록 종합 만족도의 상관이 크기 때문에 중요도는 높다고 할 수 있다

문 제

아래의 호텔 만족도 조사 결과 데이터에서 IPA 그래프를 작성하고 개선해야 할 요소를 구하시오.

	만족도	중요도
방의 인상	69.4	0.8670
방의 청결성	78.0	0.6393
방의 냄새	67.1	0.7547
방의 온도	52.3	0.3535
조명의 밝기	61.4	0.4371
비품 충실도	80.9	0.5630
욕실·화장실·세면대	78.9	0.6094
침구의 청결·편안함	85.4	0.6113
방의 소음과 소리	77.4	0.4724
직원의 방 출입	77.7	0.5265
평균값	72.9	0.5834

각 요소의 만족도를 세로축, 중요도를 가로축으로 해서 상관도를 작성한 것이 아래 그림이다.

오른쪽 아래의 영역에 속하는 '방의 인상'과 '방의 냄새'가 우선적으로 개선해야 할 요소가 된다.

A. 방의 인상과 방의 냄새

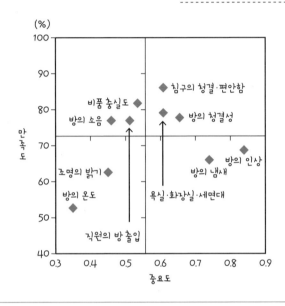

IPA 그래프에 관한 유의사항

만족도는 비율(%), 중요도는 상관계수이므로 수치의 단위가 다르다. 수치의 단위가
다른 데이터를 취급하는 경우는 편찻값을 이용한다. 그래서 편찻값을 이용해서 편찻값
IPA 그래프를 작성한다. 아래 표는 호텔 만족도 조사의 각 요소의 만족도와 중요도를
편찻값 표에 정리한 것이다.

호텔 만족도 조사의 만족도와 중요도의 편찻값

	만족도	중요도	만족도 편찻값	중요도 편찻값
방의 인상	69.4	0.8670	46.4	69.8
방의 청결성	78.0	0.6393	55.3	53.9
방의 냄새	67.1	0.7547	44.1	62.0
방의 온도	52.3	0.3535	28.6	33.9
조명의 밝기	61.4	0.4371	38.1	39.8
비품 충실도	80.9	0.5630	58.3	48.6
욕실·화장실·세면대	78.9	0.6094	56.2	51.8
침구의 청결·편안함	85.4	0.6113	63.1	51.9
방의 소음과 소리	77.4	0.4724	54.7	42.2
직원의 방 출입	77.7	0.5265	55.0	46.0
평균값	72.9	0.5834	50.0	50.0
표준편차	9.6	0.1430	10.0	10.0

← 편찻값의 평균은 50,
표준편차는 10이 된다.

※ 표준편차는 10개의 요소를 데이터로 해서 계산. 표준편차의 분모는 $n = 10$의 공식을 적용

편찻값 만족도-중요도 분석 그래프는 각 요소의 만족도 편찻값을 세로축, 중요도 편찻값을 가로축으로 해서 작성한다. 아래 그림과 같이 편찻값 50인 곳에서 세로선, 가로선을 그어 편찻값 만족도-중요도 분석 그래프를 4가지 영역으로 나눈다.

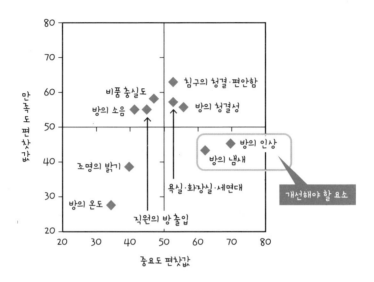

오른쪽 아래 영역에 위치하는 것이 우선적으로 개선해야 할 요소이다. 상기의 편찻값 표에 기초해서 호텔 만족도에 관한 평가를 편찻값 만족도-중요도 분석 그래프로 나타낸 경우 오른쪽 아래의 영역에 속하는 방의 인상과 방의 냄새가 우선적으로 개선해야 할 요소가 된다. 이 결과는 편찻값을 이용하지 않는 만족도-중요도 분석 그래프에서 도출된 결과와 같다. 개선도 영역만 파악하는 것뿐이라면 만족도-중요도 분석 그래프만 작성하면 되지만 개선도 지수를 구하기 위해서는 편찻값 만족도-중요도 분석 그래프가 필요하다.

24 개선도 지수

【개선도 지수】▶▶▶▶▶▶IPA 그래프상 각 요소의 우선순위를 매기기 위한 지표
사용할 수 있는 장면 ▶▶▶ 고객 만족도 조사 결과에서 개선해야 할 우선순위를 알고 싶을 때 등

　IPA 그래프를 이용함으로써 4개 영역에서 우선해야 할 요소를 대략적으로 알 수 있다. 그러나 가령 오른쪽 아래의 영역에 많은 요소가 있는 경우 어느 요소를 우선해서 개선해야 할지 알 수 없다. 이 우선순위를 매기기 위한 지표가 개선도 지수이다.
　개선도 지수는 아래의 순서에 따라 구할 수 있다.

① 요소에 대해 IPA 그래프 중심의 원점에서 요소까지의 거리, 원점에서 요소를 연결한 선과 기준선(원점과 오른쪽 아래 최하점을 연결한 선)을 구한다

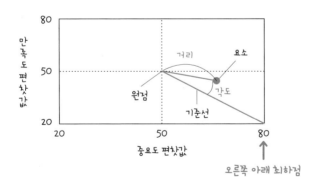

※ 거리는 자로 측정하거나 또는 점의 위치(좌표)에서 계산한다
※ 각도는 분도기로 측정하거나 또는 점의 위치(좌표)에서 계산한다.
　엑셀의 함수로도 구할 수 있다(부록 p.238 참조)

② 각도를 수정 각도 지수로 변환한다. 수정 각도 지수란 기준선에서의 각도에 대해 90°를 0으로, 45°를 0.5로, 0°를 1로 변환한 것으로 아래의 식으로 산출한다

수정 각도 지수 = (90° - 각도) ÷ 90°

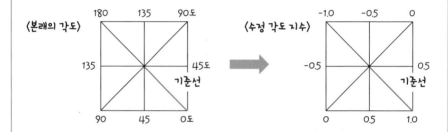

③ 원점에서의 거리와 수정 각도 지수를 곱해서 개선도 지수를 구한다

개선도 지수 = 거리 × 수정 각도 지수

IPA 그래프상의 요소 위치가 원점에서 거리가 멀고 기준선과의 각도가 0에 가까울수록(수정 각도 지수가 클수록) 개선도 지수는 커진다

개선도 지수에 관한 유의사항

호텔 만족도 조사에 관한 상세 평가에 대한 각도, 수정 각도 지수, 거리, 개선도 지수를 다음 표에 나타냈다.

호텔 만족도 조사의 각 요소에 관한 개선도 지수

	각도	수정 각도 지수	거리	개선도 지수
방의 인상	34.76	0.614	20.15	12.37
방의 청결성	98.84	-0.098	6.62	-0.65
방의 냄새	18.51	0.794	13.38	10.63
방의 온도	82.00	0.089	26.71	2.37
조명의 밝기	85.72	0.048	15.68	0.75
비품의 충실도	144.70	-0.608	8.48	-5.15
욕실·화장실·세면대	118.87	-0.321	6.54	-2.10
침구의 청결·편안함	126.49	-0.405	13.17	-5.34
방의 소음과 소리	166.32	-0.848	9.09	-7.70
직원의 방 출입	173.32	-0.926	6.42	-5.94

개선도 지수는 개선 필요가 있는 요소를 양의 값, 개선 필요가 없는 요소를 음의 값으로 나타낸다

개선도 지수의 값에서 개선 필요성에 대해 다음의 표와 같이 판단할 수 있다.

개선도 지수	개선 필요성
10 이상	즉시 개선
5 이상	개선 필요
5 미만	관찰 필요·검토 필요
0 이하	개선 불필요

이상의 점에서 개선도 지수를 구하면 요소의 우선순위를 매길 수 있어 효율적으로 개선할 수 있다. 앞의 예에서는 호텔의 종합 평가를 높이기 위해서는 방의 인상, 방의 냄새는 즉시 개선해야 할 요소임을 알 수 있다.

개선도 지수는 계산은 엑셀의 기능으로도 계산할 수 있지만 본서에서는 생략한다

Chapter

05

정규분포·z분포·t분포

무엇이 일어나는 확률을 조사한다

정상은 통과지점에 지나지 않는다(그럴 것…)

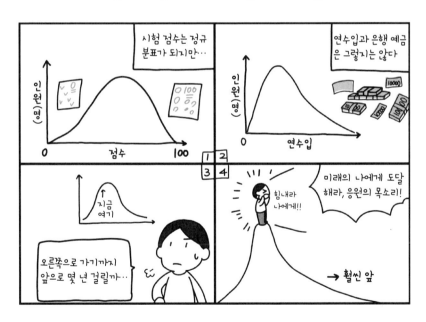

25 | Normal distribution
정규분포

【정규분포】▶▶▶▶▶▶▶ 데이터의 그래프에서 평균 부근이 가장 높고 평균에서 멀어짐에 따라 완만해지는 좌우대칭의 종형 분포

사용할 수 있는 장면 ▶▶▶ 대학 수험생이 보는 전국 단위 모의 시험에서 어느 점수 이상의 학생이 차지하는 비율을 알고 싶을 때 등

구체적인 예를 들어 정규분포란 무엇인지를 살펴보자.

구체 예

아래의 데이터는 어느 학급 40명의 시험 점수와 평균값 표준편차를 나타낸 것이다.

No	1	2	3	4	5	6	7	8	9	10
점수	37	39	40	43	45	47	50	53	55	55

No	11	12	13	14	15	16	17	18	19	20
점수	57	58	59	60	60	61	62	64	64	64

No	21	22	23	24	25	26	27	28	29	30
점수	64	66	67	67	68	69	70	70	70	72

No	31	32	33	34	35	36	37	38	39	40
점수	72	74	75	75	77	79	83	85	89	95

개체 수(명)	40
평균값(점)	64.0
표준편차(점)	13.3

※ 표준편차는 n을 사용

표준편차의 공식(식의 분모)에는 n과 $n-1$이 있다(p.33 참조)

40명의 점수가 어떻게 분포하는지를 조사하기 위해 계급 폭 10점의 도수분포표(아래 표)를 작성했다.

계급 폭	인수
30점 미만	0
30점 이상 40점 미만	2
40점 이상 50점 미만	4
50점 이상 60점 미만	7
60점 이상 70점 미만	13
70점 이상 80점 미만	10
80점 이상 90점 미만	3
90점 이상 100점 미만	1
100점	0

도수분포 그래프를 보면 평균값 부근이 가장 높고 평균값에서 멀어짐에 따라 완만하게 낮아진다. 그래프의 형상은 좌우대칭인 종형 분포, 산형이다.

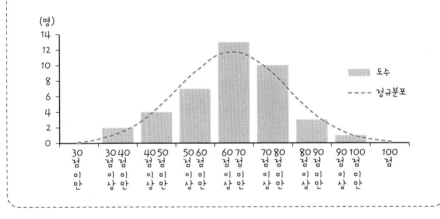

좌우대칭·종형의 곡선이 정규분포이다. 정규분포는 통계학과 자연과학, 사회과학 등의 다양한 분야에서 복잡한 현상을 간단하게 나타내는 모델로 이용된다.

정규분포의 성질

정규분포의 형상은 데이터의 평균값, 표준편차에 의해서 구한다. 아래 그림은 평균 값 $m = 60$점, 표준편차 $\sigma = 10$점의 정규분포이다. 그림을 보면서 정규분포의 성질을 생각해보자.

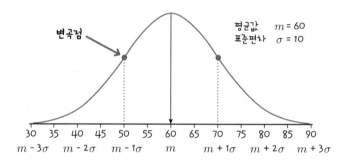

위 그림에서 알 수 있는 것

- 평균값(60점)을 중심으로 좌우대칭이다.
- 곡선은 평균값에서 가장 높아지고 좌우로 확산됨에 따라 낮아진다.
- 곡선과 가로선으로 둘러싸인 면적을 100%로 한다. 곡선 중 구간의 면적은 평균 값 m, 표준편차를 σ라고 하면 다음과 같다.

구간 $m - 1\sigma, m + 1\sigma$ (50~70점)	대략 68%
구간 $m - 2\sigma, m + 2\sigma$ (40~80점)	대략 95%
구간 $m - 3\sigma, m + 3\sigma$ (30~90점)	대략 100%

- 면적을 확률로 표현하는 일이 있다.
- 가로축 $m - 1\sigma$(그림에서는 50점)과 $m + 1\sigma$(그림에서는 70점)에 대응하는 곡선상의 점을 **변곡점**이라고 한다. 변곡점에 둘러싸인 부분의 곡선은 위로 볼록(凸), 변곡점의 바깥쪽은 아래로 볼록(凹)한 모양이다.

> 정규분포의 데이터는 평균값과 중앙값이 일치한다

정규분포의 면적(확률) 구하는 방법

정규분포의 면적(확률)은 엑셀의 함수를 사용해서 구할 수 있다.

엑셀 메모

가로축 x 이하의 하측면적(확률)을 구하는 경우

평균값 m, 표준편차 σ의 정규분포에서 가로축의 값 x 이하의 하측 면적은 엑셀의 임의의 셀에 다음의 함수를 입력하고 Enter 키를 누르면 출력된다.

= NORMDIST $(x, m, \sigma, 1)$

1은 상수(1은 TRUE라고 해석된다)

$m = 60$, $\sigma = 10$, $x = 70$인 경우

= NORMDIST $(70, 60, 10, 1)$

하측
84%

상측
16%
x

30 40 50 60 70 80 90

Enter = 0.84

위의 함수는 시험 결과의 분포를 토대로 어느 득점 이하인 확률을 구하는 데 사용한다

아래의 함수는 시험 결과의 분포를 토대로 하위 p% 이상에 들어가려면 몇 점 필요한지를 구하는 데 사용한다

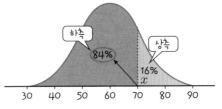

엑셀 메모

하측면적(확률) p에 대한 가로축의 값 x를 구하는 경우

평균값 m, 표준편차 σ의 정규분포에서 그림에 나타내는 하측 면적 p에 대한 가로축의 값 x는 엑셀의 임의의 셀에 다음의 함수를 입력하고 Enter 키를 누르면 출력된다.

= NORMINV (p, m, σ)

$m = 60$, $\sigma = 10$, $p = 0.84$인 경우

= NORMINV $(0.84, 60, 10)$

p

x

30 40 50 60 ⑦⓪ 80 90

Enter = 70

정규분포의 활용

아래의 문제를 토대로 엑셀 함수를 사용해서 정규분포의 면적(확률)을 구해보자.

문 제

입시학원 10,000명의 수학 편찻값은 정규분포에 가깝다. 250번 이내에 들어가려면 편찻값을 몇 점 이상 따면 되는지를 구하시오.

해 답

10,000명 중 250번 이내가 되는 비율을 A라고 하면

A = 250 ÷ 10,000 = 0.025

따라서

누적 비율 = 1 − 0.025 = 0.975 ← 하측면적 P 값

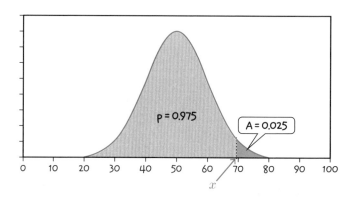

비율이 0.975가 되는 가로축의 값을 x라고 한다. x가 요구하는 점수이다.

편찻값의 평균값은 50점, 표준편차는 10점이다.

평균값 50점, 표준편차 10점인 정규분포의 x의 값은 다음의 엑셀 함수로 구할 수 있다.

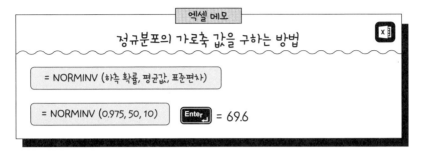

엑셀 메모

정규분포의 가로축 값을 구하는 방법

= NORMINV (하측 확률, 평균값, 표준편차)

= NORMINV (0.975, 50, 10) **Enter** = 69.6

이상에서 편찻값을 70점 이상 따면 250번 이내에 들어가는 것을 알 수 있다.

A. 70점

왜 검정을 하는 거지?
거기에 정규분포가 있기 때문이지

26 | Standard normal distribution
z분포(표준정규분포)

"지"

【표준정규분포】 ▶▶▶▶▶ 평균은 0, 표준편차가 1인 정규분포

사용할 수 있는 장면 ▶▶▶ 사원 전체의 초과근무 시간이 정규분포를 구성하고 있으며 평균 초과근무 시간과 표준편차의 값을 알고 있고 일정 시간 이상의 초과근무를 하고 있는 사원의 비율을 산출하고 싶을 때 등

p.98에 나온 어느 학급의 40명의 시험 점수 표준값을 산출했다.

No.	점수	편차	표준값
1	37	-27	-2.03
2	39	-25	-1.88
3	40	-24	-1.80
4	43	-21	-1.58
5	45	-19	-1.43
⋮	⋮	⋮	⋮
36	79	15	1.13
37	83	19	1.43
38	85	21	1.58
39	89	25	1.88
40	95	31	2.33

개체 수(명)	40
평균(점)	64.0
표준편차(점)	13.3

[계산 예] No.40의 표준값
(95 - 64) ÷ 13.3 = 2.33

표준값에 대해 계급 폭 1인 도수분포와 상대도수 그래프를 작성하면 아래와 같다.

계급 폭	계급값	도수	상대도수
-3.5 이상 -2.5 미만	-3	0	0.0%
-2.5 이상 -1.5 미만	-2	4	10.0%
-1.5 이상 -0.5 미만	-1	7	17.5%
-0.5 이상 0.5 미만	0	18	45.0%
0.5 이상 1.5 미만	1	8	20.0%
1.5 이상 2.5 미만	2	3	7.5%
총계		40	100.0%

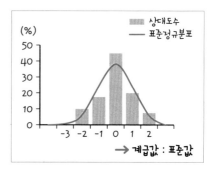

표준값의 상대도수 형상이 정규분포일 때 이 곡선분포를 표준정규분포라고 한다.

변수 x, 평균값 m, 표준편차 σ인 정규분포에서 $z = \dfrac{x-m}{\sigma}$이라고 하면 표준정규분포가 된다.

표준정규분포를 z분포라고도 한다.

z분포(표준정규분포)의 성질

z분포(표준정규분포)의 형상은 데이터의 평균, 표준편차에 의해서 구한다.

표준값의 평균은 0, 표준편차는 1이므로 z분포(표준정규분포)의 평균은 0, 표준편차는 1이 되고 그래프의 형상은 아래 그림과 같다.

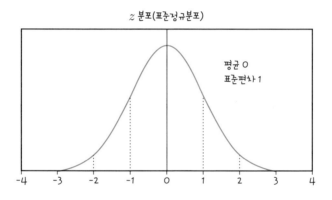

z분포(표준정규분포)

평균 0
표준편차 1

z분포의 그래프 특징

- 평균값 0을 중심으로 좌우대칭이 된다.
- 곡선은 평균값에서 가장 높아지고 좌우로 확산됨에 따라 낮아진다.
- 곡선과 가로축으로 둘러싸인 면적을 100%로 한 경우 곡선 중 구간의 면적은 아래 표와 같다.

구간 -1 ~ +1	대략 68%
구간 -2 ~ +2	대략 95%
구간 -3 ~ +3	대략 100%

z 분포 구간의 확률(면적)은 아래의 엑셀의 함수로 구할 수 있다.

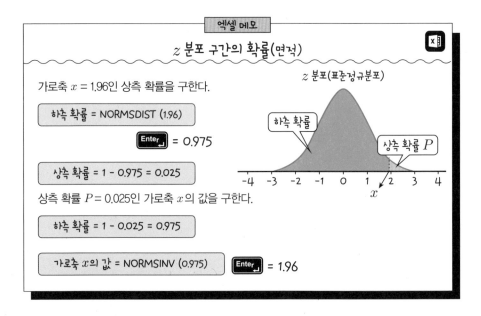

도수분포가 정규분포인지 아닌지를 조사하는 방법

도수분포의 그래프 형상이 좌우대칭인 종 모양의 분포, 산 모양이면 정규분포라고 했지만 지나치게 뾰족하거나 평탄한 산의 형상은 정규분포라고 할 수 없다.

그래서 도수분포의 형상이 정규분포인지를 파악하기 위해 통계학적으로 판정하지 않으면 안 된다.

정규분포인지 아닌지를 파악하기 위해 자주 사용되는 판정

① 왜도, 첨도에 의한 판정
② 정규 확률 플롯에 의한 판정
③ 정규성의 검정

자주 사용되는 판정 방법은 이 3가지 검정이다

· ①, ② : 관측된 데이터(샘플이라고 한다)에서 작성한 도수분포가 정규분포인지를 조사하는 방법

· ③ : 설문조사와 실험으로 관측된 데이터에서 작성한 도수분포를 토대로, 모집단에 대해서도 도수분포라고 할 수 있는지를 조사하는 방법

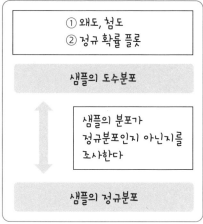

① 왜도, 첨도
② 정규 확률 플롯

샘플의 도수분포

샘플의 분포가 정규분포인지 아닌지를 조사한다

샘플의 정규분포

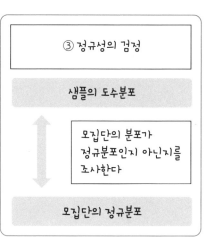

③ 정규성의 검정

샘플의 도수분포

모집단의 분포가 정규분포인지 아닌지를 조사한다

모집단의 정규분포

※ 왜도, 첨도 → p.108, 정규 확률 플롯 → p.112

27

Skewness Kurtosis
왜도와 첨도

【왜도】▶▶▶▶▶▶▶▶ 분포가 정규분포에서 어느 정도 치우쳐 있는지를 나타낸다
【첨도】▶▶▶▶▶▶▶▶ 분포가 정규분포에서 어느 정도 뾰족한지를 나타낸다
사용할 수 있는 장면 ▶▶▶ 사원의 이동 횟수가 정규분포인지 아닌지를 조사할 때 등

집단의 분포는 좌우대칭이거나 봉이 오른쪽에 있거나 산이 2개 있거나 다양한 경우가 있다. 그래서 정규분포를 기준으로 했을 때 집단의 분포가 상하 또는 좌우로, 어느 정도 치우쳐 있는지를 조사하기 위한 산포도가 치우침, 뾰족함이다.

치우침은 왜도, 뾰족함은 첨도라고도 한다.

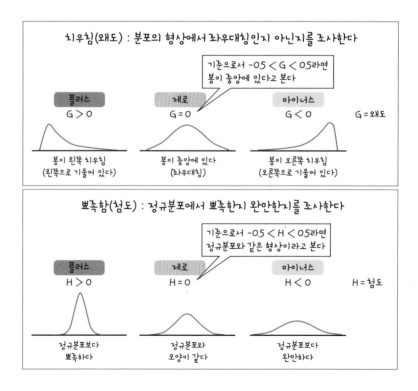

치우침과 뾰족함이 0에 가까울수록 그 집단의 분포는 정규분포에 가깝다고 할 수 있지만, 유감스럽게 값이 얼마인 구간에 있어야 정규분포에 따르는지에 대한 통계학적 기준은 없다.

경험상 도수분포의 왜도, 첨도 모두 −0.5~0.5의 사이에 있으면 도수분포의 형상은 정규분포라고 판단한다.

아래의 3가지 중에서는 B가 치우침, 뾰족함의 값이 모두 −0.5~0.5 사이에 있으므로 정규분포라고 할 수 있다.

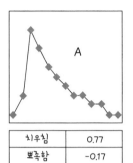

치우침	0.77
뾰족함	−0.17

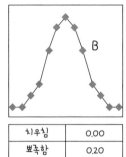

치우침	0.00
뾰족함	0.20

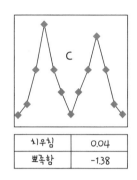

치우침	0.04
뾰족함	−1.38

도수분포의 형상을 판단할 때 기준

왜도, 첨도 모두 −0.5 ~ 0.5 사이에 있으면 정규분포

생선도 신선도가 중요하다냥~

다음 표와 도수분포의 그래프는 20대 여성 29명의 해외여행 횟수이다. 이 분포의 왜도, 첨도를 구하고 이 데이터는 정규분포인지를 알아보자.

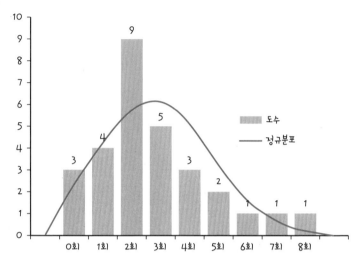

No	1	2	3	4	5	6	7	8	9	10	11
데이터	0	0	0	1	1	1	1	2	2	2	2

No	12	13	14	15	16	17	18	19	20	21	22
데이터	2	2	2	2	2	3	3	3	3	3	4

No	23	24	25	26	27	28	29	평균	표준편차
데이터	4	4	5	5	6	7	9	2.7931	2.0939

바캉스
바캉스

해답

왜도와 첨도를 구해서 판단한다.

왜도, 첨도는 엑셀의 함수로 구할 수 있다.

엑셀 메모

왜도·첨도 구하는 방법

왜도 = SKEW(수치 1, 수치 2…)

첨도 = KURT(수치 1, 수치 2…)

No.	A	B
1	No	데이터
2	1	0
3	2	0
4	3	0
5	4	1
6	5	1
⋮	⋮	⋮
26	25	5
27	26	5
28	27	6
29	28	7
30	29	9

왜도 = SKEW (B2 : B30)
첨도 = KURT (B2 : B30)

왜도 = 1.17191
첨도 = 1.67984

왜도 = 1.1719 > 0.5, 첨도 1.6798 > 0.5
이기 때문에 해외여행 횟수의 도수분포는
정규분포라고 할 수 없다.

A. 정규분포가 아니다
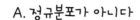

28 | Normal probability plot
정규 확률 플롯

【정규 확률 플롯】 ▶ ▶ ▶ ▶ 데이터의 분포가 정규분포를 따르는지 아닌지를 조사하기 위한 플롯
사용할 수 있는 장면 ▶ ▶ ▶ 데이터의 분포가 정규분포라고 가정한 경우 그 가정의 정당성을 설명하고자 할 때 등

누적 상대도수의 경향에서 도수분포가 정규분포인지를 조사하는 방법을 **정규 확률 플롯**이라고 한다.

정규 확률 플롯은 누적 상대도수에 z값이라는 통계량을 산출한다.

┌─ **구체 예** ───

아래 도수분포의 누적 상대도수를 정규 확률 플롯에 의해서 정규분포인지 아닌지를 조사해보자.

계급 폭	계급값	도수	상대도수	누적 상대도수
① 10~19	15	2	5.0%	5.0%
② 20~29	25	4	10.0%	15.0%
③ 30~39	35	7	17.5%	32.5%
④ 40~49	45	13	32.5%	65.0%
⑤ 50~59	55	10	25.0%	90.0%
⑥ 60~69	65	3	7.5%	97.5%
⑦ 70~79	75	1	2.5%	100.0%
		40	100.0%	

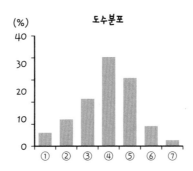

도수분포

z값은 z분포(표준 정규분포 → p.104)의 하측 확률이 누적 상대도수가 되는 가로축의 값이다.

z값은 엑셀의 함수로 구할 수 있다

엑셀 메모

z값 구하는 방법

= NORMSINV (누적 상대도수)

【계산 예】

계급값 15인 누적 상대도수는 0.05(5.0%)

따라서

z값 = NORMSINV (0.05) → Enter↵ = -1.64

산출한 z값을 표에 적어 넣으면 아래와 같다.

계급 폭	계급값	도수	상대도수	누적 상대도수	z값
① 10~19	15	2	5.0%	5.0%	-1.64
② 20~29	25	4	10.0%	15.0%	-1.04
③ 30~39	35	7	17.5%	32.5%	-0.45
④ 40~49	45	13	32.5%	65.0%	0.39
⑤ 50~59	55	10	25.0%	90.0%	1.28
⑥ 60~69	65	3	7.5%	97.5%	1.9
⑦ 70~79	75	1	2.5%	100.0%	
		40	100.0%		

다음으로 z값을 세로축, 계급 폭을 가로축으로 하고 산포도를 그린다. 이 그래프를 정규 확률 플롯이라고 한다.

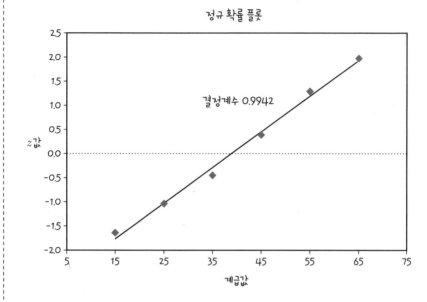

정규 확률 플롯

결정계수 0.9942

다음으로 z값을 세로축, 계급 폭을 가로축으로 하고 산포도를 그린다. 이 그래프를 정규 확률 플롯이라고 한다.

산포도에 대한 직선의 적용 정도는 결정계수로 파악할 수 있다. 결정계수가 0.99 이상인 경우 도수분포는 정규분포라고 판단한다

29 | t distribution
t분포

【t분포】 ▶ ▶ ▶ ▶ ▶ ▶ ▶ ▶ ▶ 표준정규분포와 아주 비슷한 형태의 분포로 통계학 검정에 자주 이용되는 분포
사용할 수 있는 장면 ▶ ▶ ▶ 표본집단에서 모평균을 추정·검정할 때 등
별칭 ▶ ▶ ▶ ▶ ▶ ▶ ▶ ▶ ▶ ▶ ▶ 스튜던트 t분포

t분포란 다음의 제6장 이후에 설명하는 통계적 추정과 통계적 검정에 이용되는 분포로 분포의 형태는 z분포와 아주 유사하다.

t분포는 1908년에 윌리엄 고셋(William S. Gosset, 1876~1937년)에 의해 발표됐다. 당시 그는 맥주 양조회사에 고용되어 있었다. 이 회사에서 종업원 논문 공표를 금지했기 때문에 스튜던트라는 필명을 사용해서 논문을 발표했다. 이런 이유에서 t분포는 스튜던트 t분포라 불리게 됐다.

t분포의 그래프 형상은 파라미터인 자유도 f(Degree of freedom)라는 값에 의존하고 f가 커짐에 따라 z분포에 가까워진다. 그리고 f가 충분히 커지면 z분포(표준정규분포)와 일치한다. 한편 f가 작아짐에 따라 z분포에 비해 완만해지고 가로폭이 확산된다(아래 그림).

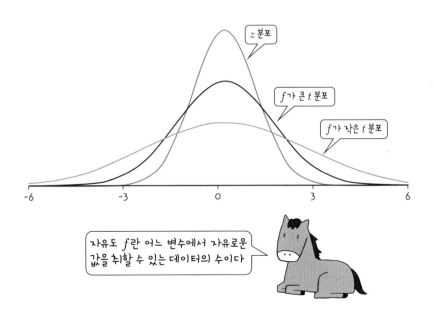

자유도 f란 어느 변수에서 자유로운 값을 취할 수 있는 데이터의 수이다

한편 자유도 f는 표본 조사의 샘플 사이즈에 의존하다. 추정과 검정의 공식에 따라서 f를 구하는 방법은 다르다. 자유도 $f = 1$, $f = 5$, $f = 100$의 t분포는 아래 그림과 같다.

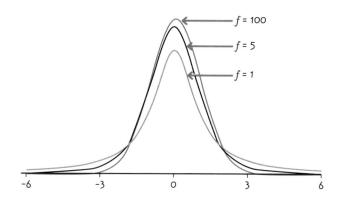

자유도에 대해

자유롭게 값을 취할 수 있는 데이터의 수를 **자유도**라고 한다. 예를 들면 샘플 사이즈가 3개인 데이터에서 산출한 표본 평균이 5일 때 첫 번째 값과 두 번째 값은 자유롭게 취할 수 있다. 예를 들면 3과 4로 하자. 그러면 세 번째의 값은 표본평균이 5가 되도록 하지 않으면 안 되므로 '8'밖에 취할 수 없다.

$$(\boxed{3} + \boxed{4} + \boxed{?}) \div 3 = \text{평균} 5$$
$$\rightarrow \boxed{?} = \boxed{8}$$

첫 번째	두 번째	세 번째	표본평균
3	4	?	5

평균을 5로 하려면 8밖에 없다

즉, 자유롭게 값을 취할 수 있는 데이터의 개수가 하나만큼 감소한 게 된다. 자유롭게 값을 취할 수 있는 데이터, 즉 자유도는 3개에서 하나 뺀 값으로 2개이다. 표본평균을 산출하기 위한 자유도(f라고 한다)는 샘플 사이즈 n에서 1을 뺀 값이다.

자유도 $f = n - 1$

분산은 표본분산과 모분산 2가지가 있다.

> **계산 예**
>
> **표본분산** : (관측 데이터 – 표본평균)² ÷ $(n - 1)$
>   **구해진 각 값을 합계**
> **모분산** : (관측 데이터 – 모평균)² ÷ n
>   **구해진 각 값을 합계**

표본평균은 조사의 오차에 의해서 분산된다. 모평균은 진짜 값으로 분산되지 않는
다. 표본평균이 식 안에 있는 표본분산의 분모는 자유도 $n - 1$, 모평균이 식 안에 있
는 모분산의 분모는 자유도를 고려하지 않고 n으로 한다.

t분포의 면적(확률) 구하는 방법

t분포 구간의 면적(확률)은 아래와 같이 엑셀의 함수를 사용해서 구할 수 있다.

> **엑셀 메모**
>
> **자유도 f인 t분포에서 가로축의 값 x 이상의 상측 확률을 구하는 방법**
>
> 엑셀 시트상 임의의 셀에 아래의 함수를 입력하고 Enter 키를 누르면 출력된다.
>
> = TDIST $(x, f, 1)$ ※ 1은 상측 확률, 2는 양측 확률
>
> TDIST $(x, f, 1)$의 확률변수 x는 0 이상의 값이다. 마이너스 값은 지정할 수 없다.

그러면 시험삼아 자유도 $f = 8$인 t분포의 구간 $-0.5 \sim 0.5$의 확률을 구해보자.

TDIST $(x, f, 1)$에 의해서 x의 상측 확률(오른쪽 그림 A)을 산출하다.

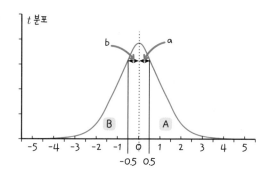

$x = 0 \sim 0.5$일 확률 (위 그림 ⍺)

$x = 0 \sim 0.5$일 확률은 $x = 0$인 상측 확률과 $x = 0.5$인 상측 확률의 차분이므로 각각의 수치를 구한다.

$x = 0$인 상측 확률은 0.5000이다(엑셀 함수 「= TDIST $(0, 8, 1)$」).

$x = 0.5$인 상측 확률은 0.3153이다(엑셀 함수 「= TDIST $(0, 5, 8, 1)$」).

따라서 $x = 0 \sim 0.5$일 확률은 아래와 같다.

$0.5000 - 0.3153 = 0.1847$ ········· (a)

$x = -0.5 \sim 0$일 확률 (위 그림 b)

$x = -0.5$ 이하인 하측 확률(위 그림 B)은 t분포가 $x = 0$을 기준으로 좌우대칭인 것을 이용해서 $x = 0.5$ 이상인 상측 확률에서 구한다.

$x = -0.5$인 하측 확률은 0.3153이다(엑셀 함수 「= TDIST $(-0.5, 8, 1)$」).

따라서 $x = -0.5$인 하측 확률은 아래와 같다.

$0.5000 - 0.3153 = 0.1847$ ········· (b)

때문에 자유도 $f = 8$인 t분포의 구간 $-0.5 \sim 0.5$일 확률은

(a) + (b) = $0.1847 + 0.1847 = 0.369$

자유도 f = 50인 t분포에서 가로축의 값이 −2.01 ~ 2.01이 될 확률을 구하시오.

앞서 말한 것과 같은 개념으로 구한다. 우선 x = 2.01인 상측 확률을 구하면 0.025이다 (엑셀 함수 「= TDIST (2.01, 50, 1)」).

x = −2.01인 하측 확률도 마찬가지 순서(t분포가 x = 0을 기준으로 좌우대칭인 것을 이용해서 x = 2.01인 상측 확률에서 구한다), 0.025라고 구해진다(엑셀 함수 「= TDIST (2.01, 50, 1)」).

이상에서 f = 50인 t분포의 구간 −2.01~2.01일 확률은

1 − 0.025 − 0.025 = 0.95

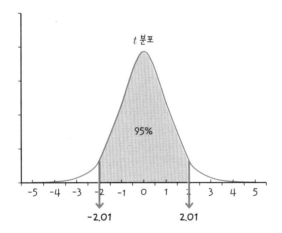

A. 95%

t분포의 상측 확률에서의 가로축의 값

t분포의 상측 확률의 확률변수(가로축)의 값은 엑셀 함수로 구할 수 있다.

엑셀 메모

자유도 f인 t분포에서 상측 확률 p에 대한 가로축의 값 x를 구하는 방법

엑셀 시트상 임의의 셀에 아래의 함수를 입력하고 Enter 키를 누르면 구할 수 있다.

= TINV (확률 p의 2배, f)

※ TINV 함수는 양측 확률의 x값을 산출하는 함수이다. 상측 확률(상측만)을 산출하는 경우는 확률의 2배를 지정한다.

그러면 아래 그래프의 자유도 $f = 8$인 t분포의 상측 확률 2.5%의 가로축 값을 구해보자.

엑셀 함수에서 2.31 (= TINV (0.025의 2배, 8) → **Enter** = 2.31)

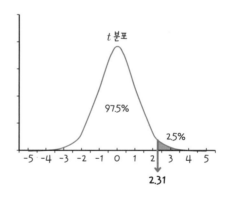

한편 t분포의 자유도 $f = 8$인 상측 확률이 0.5%, 1%, 2.5%, 5%, $f = 1000$인 상측 확률 2.5% 각 경우의 x의 값은 아래와 같다.

상측 확률	하측 확률	엑셀		x
0.5%	99.5%	= TINV (0.005*2,8)	→	3.36
1.0%	99.0%	= TINV (0.01*2,8)	→	2.90
2.5%	97.5%	= TINV (0.025*2,8)	→	2.31
5.0%	95.0%	= TINV (0.05*2,8)	→	1.86
2.5%	97.5%	= TINV (0.025*2,1000)	→	1.96

Chapter

06

모집단과 표준오차

일부에서 전체를 추측한다 ①

통계도 지는 일이 있다

Population / Sample survey

모집단과 표본조사

【모집단】 ▶ ▶ ▶ ▶ ▶ ▶ ▶ ▶ 조사하고자 하는 집단 전체를 말한다.

【표본조사】 ▶ ▶ ▶ ▶ ▶ ▶ ▶ 어느 집단 중에서 일부 대상만을 추출해서 조사하는 것

일본에서 5년마다 실시하는 국세 조사는 일본에 존재하는 모든 사람을 조사하도록 돼 있다. 이러한 집단 전체를 대상으로 하는 조사를 **전수조사**라고 한다.

조사 내용과 목적에 따라서는 집단 전체를 조사하는 것이 불가능하거나 또는 무의미한 일이 있다.

예를 들면 선거 결과를 예측하는 데 전수조사를 실시한다면 많은 비용이 들 뿐 아니라 조사 결과가 나오기 전에 선거가 끝나버릴 수도 있다.

그래서 집단 전체가 아니라 일부분을 조사하고 조사 결과에서 전체를 파악하는 것을 생각한다. 조사하고자 하는 집단 전체를 **모집단**이라고 한다. 모집단에 속하는 일부 데이터를 샘플이라고 하며 샘플을 대상으로 하는 조사를 **표본조사**라고 한다. 표본조사는 조사 결과에서 모집단에 대해 추측하는 것을 목적으로 한다.

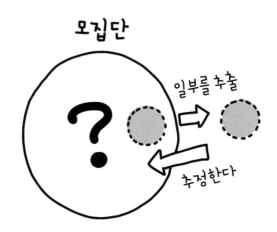

전체 학생 수가 1,000명인 초등학교에서 200명의 학생을 무작위로 추출하여 용돈 금액을 조사했다.

조사 데이터에서 이 학교 전체의 용돈 평균값을 추측한다.

이때,

- 추측하고자 하는 집단(초등학교 1,000명의 학생) = 모집단
- 집단의 일부분을 대상으로 하는 조사(학생 200명의 조사) = 표본조사

표본조사에 관한 유의사항

표본조사는 모집단의 일부를 조사하여 모집단의 성질을 통계학적으로 추정하는 방법이다. 모든 대상을 조사하는 것은 아니므로 이 결과에는 오차(이것을 표본오차라고 한다)가 포함된다. 따라서 많은 경우 통계조사는 표본조사에 의해 시행된다.

여러분이 실시하고 있는 설문조사의 대부분은 모집단을 조사하는 것으로 목적으로 하는 것이 아니므로 정확하게 말하면 설문조사가 아니라 표본조사이다.

설문조사는 모집단을 조사하는 것을 목적으로 실시하는 것이 많다

n 샘플 사이즈와 표본평균

Sample size   Sample mean

【샘플 사이즈】 ▶ ▶ ▶ ▶ ▶ 표본조사의 데이터 개수
【표본평균】 ▶ ▶ ▶ ▶ ▶ ▶ ▶ 표본조사의 평균

모집단 전체의 데이터 개수(크기)를 모집단 사이즈, 표본조사의 데이터 개수를 샘플 사이즈라고 한다.

모집단의 평균을 모평균, 표본조사의 평균을 표본평균이라고 하고 모집단의 비율을 모비율, 표본조사의 비율을 표본비율이라고 한다.

모집단의 표준편차를 모표준편차, 표본조사의 표준편차를 표본표준편차라고 한다.

모집단과 표본조사의 용어와 기호는 구별하기 위해 아래 표와 같이 별도로 정한다.

	모집단		표본조사	
사이즈	모집단 사이즈	N	샘플 사이즈	n
평균	모평균	m	표본평균	$\bar{x}$
비율	모비율	P	표본비율	$\bar{p}$
표준편차	모표준편차	σ	표본표준편차	s

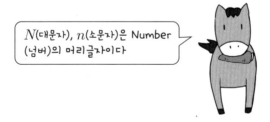

N(대문자), n(소문자)은 Number(넘버)의 머리글자이다

예를 들면 어느 초등학교의 전체 학생 1,000명 중에서 랜덤으로 200명을 추출한 결과 평균 용돈 금액이 130,000원이었다. 이 경우 위 표와 같이 구별하면 1,000명은 모집단 사이즈(N), 200명은 샘플 사이즈(n), 130,000원은 표본평균($\bar{x}$)이 된다.

샘플 사이즈에 관한 유의사항

샘플 사이즈에 대해 샘플 수라는 용어가 있다. 비슷한 단어이지만 의미가 다르므로 혼동하지 않도록 주의하자.

모집단에서 샘플을 추출했을 때 샘플 데이터의 개수가 샘플 사이즈, 샘플군의 수 (몇 쌍, 몇 세트)가 샘플 수가 된다.

예를 들면 아래와 같이 어느 기업에서 사원의 신장 데이터를 3일간으로 나누어 측정했다고 하자.

이 경우 샘플 사이즈는 100, 200, 300으로 샘플 수는 3이 된다.

샘플 수란 개개의 데이터 수가 아니라 측정한 100명 1세트 등의 세트가 몇 개 있는가 하는 점이다.

30 | Standard error
표준오차

【표준오차】 ▶▶▶▶▶▶ 모집단을 알기 위한 파라미터

사용할 수 있는 장면 ▶▶▶ 표본평균의 값을 모평균에 대해 어느 정도 편차가 있는지를 알고자 할 때 등

표준오차는 모집단에서 추출한 샘플의 표본평균을 구하는 경우 표본평균의 값이 모평균에 대해 어느 정도 편차가 있는지를 나타내는 것이다.

계산식

샘플 사이즈를 n이라고 하면,

$$표준오차 = \frac{표본표준편차}{\sqrt{n}}$$

※ 표본표준편차 $= \sqrt{불편분산}$

문제

어느 기업에서 대량으로 생산하고 있는 전자기기를 무작위로 5개 추출하고 배터리 가동 시간을 조사했다. 아래의 데이터를 참고로 표준오차를 구하시오.

제품	가동 시간(분)
A	55
B	65
C	68
D	60
E	62
평균	62

해답

해답

우선 불편분산을 구한다.

$$\text{편차제곱합} = (55-62)^2 + (65-62)^2 + (68-62)^2 + (60-62)^2 + (62-62)^2$$
$$= 49 + 9 + 36 + 4 + 0$$
$$= 98$$

따라서

$$\text{불편분산} = \frac{\text{편차제곱합}}{n-1} = \frac{98}{5-1} = 24.5$$

앞에 나온 계산식에 대입하면

$$\text{표준오차} = \frac{\text{표본표준편차}}{\sqrt{n}} = \frac{\sqrt{24.5}}{\sqrt{5}} = 2.2\cdots$$

A. 2.2

표준오차에 관한 유의사항

표본표준편차가 작을수록 또한 샘플 사이즈가 클수록 표준오차는 작아진다. 이 경우 표본평균으로 모평균을 추측했을 때의 오차가 작아지고 표본평균의 신뢰성이 높아진다.

표준오차와 표준편차는 유사하므로 혼란을 피하기 위해 표준편차를 SD, 표준오차를 SE로 나타낸다.

데이터의 편차 정도, n의 크기를 고려해서 구한 SE는 모집단을 알기 위한 파라미터이다

31 | mean ± SD

【평균＋표준편차】 ▶ ▶ ▶ ▶ ▶ ▶ ▶ 평균 + 표준편차

mean ± SD는 평균± 표준편차를 말하며 평균과 표준편차에서 집단의 특징을 나타낸 것이다.

데이터가 정규분포를 따르는 것을 안 경우 mean ± SD의 범위에 데이터의 약 68%가 수속되어 mean ± 2 × SD의 범위에 95%, mean ± 3 × SD의 범위에 데이터가 약 100% 포함된다(아래 그림).

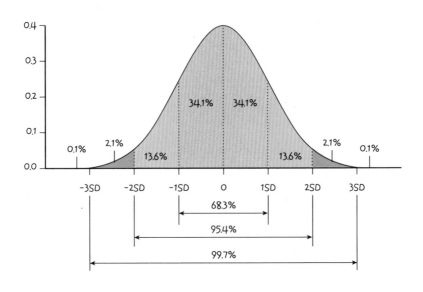

예를 들면 학생 수가 500명인 학교의 시험 성적 평균값이 60점, 표준편차가 10점이라고 하자.

mean ± SD에서 득점은 정규분포에 따른다고 하면 60 ± 10, 즉 50~70점인 학생은 500명의 약 68%=약 340명, 40~80점인 학생은 약 95%=약 475명인 것을 알 수 있다.

정규분포의 성질에 대해서는 제5장(p.100)을 참고하기 바란다

mean ± SD에 관한 유의사항

mean ± SD이 70±10세인 데이터가 정규분포에 따르는 경우 '데이터의 전원이 60~80세인 사람'이 아니라 '평균값이 70세에 60~80세 사이에 약 68%의 사람이 있고 50~90세 사이에 약 95%의 사람이 있는 데이터'라는 것을 나타낸다.

평균과 표준편차를 구하면 특정 값이 전체의 어디에 위치하는지를 알 수 있다.

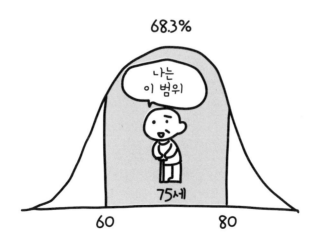

68.3%

나는 이 범위

75세

60   80

【표본평균 ± 표준오차】 ▶ ▶ ▶ ▶ ▶   표본평균 ± 표준오차

mean ± SE은 표본평균±표준오차를 말하며 표본평균과 표준오차에서 모평균의 범위를 나타낸 것이다.

어느 지역의 성인 여성 400명을 대상으로 흡연 개수를 조사했다. 그 결과 표본평균은 11.5개, 표본표준편차는 3.8개, 표준오차 SE는 0.19였다.

$$SE = \frac{표본표준편차}{\sqrt{n}} = \frac{3.8}{\sqrt{400}} = \frac{3.8}{20} = 0.19$$

mean ± SE을 계산하면 11.5±0.19, 11.31~11.69개였다. 모평균은 표본조사를 100회 실시했다면 약 68회는 11.3~11.7개의 범위에 포함된다는 것을 의미한다. 바꾸어 말하면 흡연 개수의 모평균이 11.3~11.7개라는 추정의 신뢰성은 68%라는 얘기다.

mean ± SE에 관한 유의사항

mean ± 2 × SE이라는 표기하면 모평균의 추정폭의 신뢰도가 95%라는 것을 의미한다. 모평균의 추정 공식은 mean ± 2 × SE이 아닌 mean ± 1.96 × SE라고 하는 것이 올바른 표기이다.

흡연 개수의 예로 나타내면 모평균의 추정폭은 11.5±1.96×0.19, 11.1~11.9개가 된다. 이 추정폭의 신뢰도는 95%, 이 판단이 틀렸을 확률은 5%이다.

다시 말해 표본조사를 반복해서 수행하면 100회에 95회의 비율로 mean ± 1.96 × SE의 안에 모평균을 포함하고 있으므로 우선 모평균이 11.1~11.9개 안에 포함된다고 생각해도 좋다는 뜻이다.

33 | Error bar
오차 그래프와 오차 막대

【오차 그래프】 ▶▶▶▶▶▶ 평균값과 에러 바를 그린 그래프
【에러 바】 ▶▶▶▶▶▶▶▶▶ 데이터의 편차, 데이터에 포함되는 오차 또는 신뢰도를 나타내는 것
사용할 수 있는 장면 ▶▶▶ 두 상품의 평균 매출의 유의차를 비교하고자 할 때 등

평균값을 봉 그래프와 꺾인 선 그래프로 그렸을 때 평균값의 위아래로 오차구간을 T자 모양으로 그린 것을 오차 막대라고 하고 평균값과 T자를 그린 그래프를 오차 그래프라고 한다.

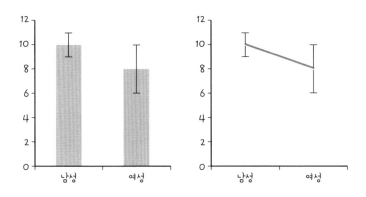

에러 바는 일반적으로 데이터의 편차, 데이터에 포함되는 오차 또는 신뢰구간(예를 들면 95% 신뢰구간)을 나타내는 것으로 에러 바의 길이는 표준편차(SD)와 표준오차(SE), 신뢰구간을 적용한다.

에러 바에 관한 유의사항

에러 바는 일반적으로 SE, SD 또는 임의의 신뢰구간을 나타내지만 이들의 양은 같지 않기 때문에 오차 그래프의 어딘가에 에러 바가 무엇을 나타내는지를 기재하지 않으면 안 된다.

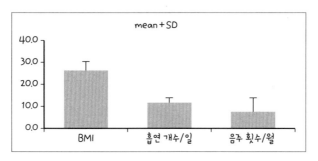

	mean + SD	mean + SE
목적	집단 전체의 특징을 나타낸다	모집단의 평균값가 수속되는 범위를 나타낸다

위아래 양쪽에 에러 바를 붙이지만 위 그림과 같이 아래쪽을 생략하고 위의 한쪽에만 에러 바를 표기하는 일도 있다.

p.128, 130에서 mean + SD, mean ± SE를 설명했는데 오차 그래프는 mean + SD, mean + SE을 시각화한 것이다

Chapter

07

통계적 추정

일부에서 전체를 추정한다 ②

통계란 철학이다

모평균의 추정

【모평균의 추정】▶▶▶▶▶샘플에서 얻은 값을 사용해서 신뢰구간을 부여하여 모평균에 대해 추정하는 방법

　예를 들면 샘플에서 얻어진 값을 이용해서 '어느 도의 초등학생 용돈 금액의 평균 값은 270,000~290,000원 사이에 있다'라고 폭을 두고 모평균에 대해 추정하는 방법을 **모평균의 추정**이라고 한다.

　그리고 그 경우의 폭을 **신뢰구간**(CI : Confidence interval)이라고 한다.

구체 예

어느 시의 초등학교 학생 수는 10,000명이다. 이 시의 초등학생 전체의 용돈 평균 금액을 조사하기 위해 $n=51$의 표본조사를 수행했다. 표본평균은 280,000원, 표본표준편차는 30,000원이었다.
이 시의 초등학생 전체의 평균 금액은 280,000원이라고 생각해도 좋을까.

추출한 학생은 이 시의 초등학생 10,000명 중에서 금액이 낮은 쪽의 집단일지 모르며 높은 쪽의 집단일지 모른다. 우연히 추출한 샘플의 평균값을 갖고 모집단(도 전체)의 평균값이라고 확신하는 것은 위험하다.
그래서 조사에서 얻은 평균값에 일정한 폭을 부여한다. 즉 '이 시의 초등학생 전체의 평균 금액은 271,560~288,440원 사이에 있다'라는 표현법으로 모집단의 평균값을 추정한다.
'271,560~288,440 사이에 있다'라고 할 때 271,560원을 하한값, 288,440원을 상한 값, 하한값과 상한값 사이의 구간을 신뢰구간이라고 한다.
조사에 의해서 구한 표본평균은 모평균과 반드시 일치하지 않는다. 이 괴리는 조사에 의한 오차이다.

> 계산식
>
> • 모평균 = 표본평균 ± E
> • 하한값 = 표본평균 − E
> • 상한값 = 표본평균 + E
>
> ※ 단 E는 조사에 의한 오차

모평균의 신뢰구간은 조사에 의한 오차의 값 (E라고 한다)과 E와 조사의 평균값(표본평균)을 감산, 가산해서 구할 수 있다

E를 구하는 방법은 뒤에서 설명하겠지만 이 예의 E는 8,440원이었다.
따라서 신뢰구간은 다음과 같이 구할 수 있다.

• 모평균 = 280,000 ± 8,440(원)
• 하한값 = 280,000 − 8,440 = 271, 560(원)
• 상한값 = 280,000 + 8,440 = 288,440(원)

신뢰구간(CI)

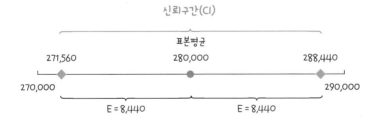

이상에서 이 시의 초등학교 용돈 금액의 평균값은 271,560~288,440원 사이에 있다고 할 수 있다. 한편 '이 추정의 신뢰도는 95%로 구해진 것이다'라고 조건을 붙이는 것을 잊지 않도록 하자.

34 Confidence interval
신뢰도(95% CI)

【신뢰도】 ▶ ▶ ▶ ▶ ▶ ▶ ▶ ▶ 신뢰구간의 폭에 수속되는 확률

신뢰도 95%란 표본조사를 100회 시행했다면 표본평균이 신뢰구간의 폭에 포함되는 것은 95회, 벗어나는 것은 5회라는 얘기다.

신뢰구간의 폭에 포함되는 확률을 신뢰도 또는 신뢰계수라고 한다.

신뢰구간은 신뢰도 95%로 구하는 것이 보통이지만 신뢰도 99%로 구하는 일도 있다. 신뢰도 95%의 신뢰구간을 95% CI, 신뢰도 99%의 신뢰구간을 99% CI라고 한다.

신뢰구간의 산출에 사용하는 오차 E는 다음 식으로 구한다.

계산식

$$오차\ E = 상수 \times \frac{S}{\sqrt{n}} \leftarrow 표준오차$$

※ 상수 : 통계학이 정한 값, s : 표본표준편차, n : 샘플 사이즈

모집단의 정보와 표준의 샘플 사이즈에 따라 추정의 종류를 구분해 사용하고 적용하는 종류와 신뢰도에 따라서 상수는 달라진다.

모평균의 추정 공식

모평균의 추정에는 모집단의 분포의 정규성에 따라 아래의 2가지 추정 방법이 있다.

모집단을 추정하는 방법

① z 추정
② t 추정

z추정은 z분포(p.104), t추정은 t분포(p.115)를 적용한 추정 방법이다.

모집단이 정규분포인 경우는 z분포를 사용한 z추정, 모집단의 분포가 불명한 경우는 t분포를 사용한 t검정을 적용한다.

샘플 사이즈가 적은 경우 모집단의 추정에 적합하지 않으므로 가능한 한 샘플 사이즈를 늘리기 바란다. 샘플 사이즈가 어느 정도 있으면 좋다는 통계학적 기준은 없지만 일반적으로 30 미만을 적다고 본다

계산식

- z추정 : $m = \bar{x} \pm 1.96 \times \text{SE} = \bar{x} \pm 1.96 \dfrac{S}{\sqrt{n}}$
- t추정 : $m = \bar{x} \pm$ 기각한계값 $\times \text{SE}$

$\qquad = \bar{x} \pm$ 기각한계값 $\times \dfrac{S}{\sqrt{n}}$

※ m : 모평균, $\bar{x}$: 표본평균, SE : 표준오차(p.126), s : 표준편차
※ 신뢰도는 95%(99%는 생략)

t추정의 기각한계값은 아래의 엑셀 함수를 사용하면 간단하게 구할 수 있다.

엑셀 메모

t추정의 기각한계값을 구하는 방법

= TINV (0.05, f) ※ $f = n - 1$

※ 신뢰도 95%(99% 생략)

한편 t추정의 상수는 아래 표와 같다.

t추정의 상수

f	10	20	30	40	50	60	70	80	90	100	200	300	400	500
기각한계값	2.23	2.09	2.04	2.02	2.01	2.00	1.99	1.99	1.99	1.98	1.97	1.97	1.97	1.96

35 | 모평균 z 추정

【모평균 z추정】 ▶▶▶▶▶ 표준정규분포를 이용해서 모평균을 추정하는 방법

각각의 추정에 대해 상세하게 설명한다. 우선 z분포를 적용한 z추정에 대해 문제를 풀면서 살펴보자.

문 제

어느 시의 초등학교 학생 수는 10,000명이다. 이 시의 초등학생 전체의 용돈 평균 금액을 조사하기 위해 $n = 900$의 표본조사를 수행했다.
표본평균은 280,000원, 표본표준편차는 30,000원이었다.
이 초등학교의 용돈 금액의 평균값을 신뢰도 95%로 추정하라.
단, 모집단의 용돈 금액은 정규분포에 따른다고 하자.

해 답

모집단의 용돈 금액은 정규분포를 따르므로 z추정을 적용한다.
$n = 900$, 표본평균($\bar{x}$) $= 280,000$, 표본표준편차(s) $= 30,000$
z추정의 신뢰도 95%의 기각한계값은 1.96

- 모평균 $= 280,000 \pm 1.96 \times 30,000 \div \sqrt{900} = 280,000 \pm 1.96 \times 100$
- 상한값 $= 280,000 - 1.96 = 278,040$
- 하한값 $= 280,000 + 1.96 = 281,960$

$$m = \bar{x} \pm 1.96 \times \frac{s}{\sqrt{n}}$$ 을 적용한다

A. 신뢰도 95%에서 이 시의 초등학생 전체의 용돈 평균 금액은
278,040~281,960원 사이에 있다고 할 수 있다

36 모평균 t 추정

【모평균 t 추정】 ▶▶▶▶▶ 모집단이 정규분포에 따른다고 가정했을 때 모평균을 추정하는 방법

다음으로 t 분포를 적용한 t 추정에 대해 상세하게 문제를 풀면서 살펴보자.

> **문제**
>
> 어느 시에 거주하는 주부의 매트리스 머니를 조사하기 위해 $n = 400$인 표본조사를 수행했다. 표본평균은 20만원, 표본표준편차는 10만 원이었다.
> 이 시의 주부의 장롱 저금액의 평균값을 신뢰도 95%로 추정하라.
> 단, 모집단의 장롱 저금액이 정규분포인지 아닌지는 알 수 없다고 하자.

해답

모집단의 장롱 저금액은 정규분포인지 아닌지 분명하지 않기 때문에 t 추정을 적용한다.

$n = 400$, 표본평균($\bar{x}$) = 200,000, 표본표준편차(s) = 100,000

t 추정의 신뢰도 95%의 기각한계값은 아래의 엑셀 함수를 이용하면 간단하게 구할 수 있다.

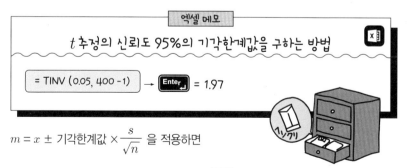

엑셀 메모

t 추정의 신뢰도 95%의 기각한계값을 구하는 방법

= TINV (0.05, 400 -1) → Enter ↵ = 1.97

$m = x \pm$ 기각한계값 $\times \dfrac{s}{\sqrt{n}}$ 을 적용하면

· 모평균 = $200{,}000 \pm 1.97 \times 100{,}000 \div \sqrt{400}$ = $200{,}000 \pm 1.97 \times 5{,}000$

- 상한값 = 200,000 − 9,830 = 190,170
- 하한값 = 200,000 + 9,830 = 209,830

A. 신뢰도 95%에서 이 시의 주부의 매트리스 머니 평균 금액은
190,170~209,830원 사이에 있다고 할 수 있다

유한모집단의 신뢰구간

문제

A사의 사원 수는 40명이다. 사원 전원의 평균 흡연 개수를 조사하기 위해 표본조사를 실시했다. 응답자는 36명으로 흡연 개수의 평균은 7개, 표준편차는 4개였다. 이 회사 전원 40명의 흡연 개수 평균을 신뢰도 95%로 추정하라. 단 모집단의 흡연 개수의 분포는 정규분포를 따른다.

오답

모집단의 흡연 개수는 정규분포를 따르므로 z추정을 적용하면

$$m = \bar{x} \pm 1.96 \times \frac{S}{\sqrt{n}}$$

$$= 7 \pm 1.96 \times \frac{4}{\sqrt{36}}$$

$$= 7 \pm 1.96 \times \frac{4}{6}$$

$$= 7 \pm 1.31$$

따라서

- 하한값 = 7 − 1.31 = 5.69
- 상한값 = 7 + 1.31 = 8.31

'따라서 이 회사 40명의 흡연 개수의 평균은 5.7개에서 8.3개였다'고 하면 오답이다.

조사에서는 40명 중 36명이나 조사하는데 신뢰구간의 폭이 너무 넓기 때문이다.

40명 중 36명을 조사했을 때와 10만 명 중 36명을 조사했을 때에 얻어진 신뢰구간의 폭은 다를 것이다.

그래서 모집단의 사이즈를 신뢰구간에 반영한다. 모집단의 사이즈 N은 유한한 경우와 무한한 경우로 나누어 생각할 수 있다.

사이즈가 10만 미만인 것을 유한모집단, 10만 이상 또는 계측할 수 없는 것을 무한모집단이라고 한다.

모집단 N이 10만 미만인 경우, 유한모집단의 추정을 적용한다.

- 무한모집단 : 셀 수 없는 수의 집단 또는 셀 수 있다고 해도 약 10만 이상인 집단
- 유한모집단 : 헤아릴 수 있는 집단으로 10만 미만인 집단

유한모집단의 신뢰구간의 공식

유한모집단의 경우 표본오차에 수정계수를 곱해서 표본오차를 작게 할 수 있다.

계산식

- 유한모집단 수정계수 $= \sqrt{\dfrac{N-n}{N-1}}$

※ N은 모집단의 사이즈, n은 샘플 사이즈

모평균의 z추정의 경우

$= \bar{x} \pm 1.96 \times \dfrac{s}{\sqrt{n}} \times \sqrt{\dfrac{N-n}{N-1}}$

※ $\bar{x}$ =표본평균, s =표본표준편차
※ 신뢰도는 95%(99%는 생략)

밤에 집회를 하면 10만 마리는 모이지 못해냥

위의 공식에 수치를 대입하면

$$\text{유한모집단 수정계수} = \sqrt{\frac{N-n}{N-1}} = \sqrt{\frac{40-36}{40-1}} = \sqrt{\frac{4}{39}} = \sqrt{0.103} = 0.32$$

$$\bar{x} \pm 1.96 \times \frac{s}{\sqrt{n}} \times \sqrt{\frac{N-n}{N-1}} = 7 \pm 1.96 \times \frac{4}{\sqrt{36}} \times 0.32$$

$$= 7 \pm 1.96 \times \frac{4}{6} \times 0.32 = 7 \pm 0.42$$

- 하한값 = 7 − 0.42 = 6.58
- 상한값 = 7 + 0.42 = 7.42

이상에서 이 회사의 평균 흡연 개수는 신뢰도 95%에 6.6~7.4개이다.

A. 6.6~7.4개(신뢰도 95%)

모평균 t추정에 관한 유의사항

유한모집단 수정계수를 곱하면 신뢰구간의 폭이 좁아지고 추정의 정확도가 좋아진다.

만약 40명 전원을 조사하면 $n = 40$에서 수정계수의 값은 아래의 계산식에서 0이 된다.

$$\sqrt{\frac{N-n}{N-1}} = \sqrt{\frac{40-40}{40-1}} = \sqrt{\frac{0}{39}} = 0$$

이 경우 평균 흡연 개수는 7 ± 0 = 7개가 된다.

반대로 이 회사가 사원이 100,000명인 거대 기업으로 $n = 40$명만을 조사했다고 하면 수정계수의 값은 아래와 같이 1의 근사값이 된다.

$$\sqrt{\frac{N-n}{N-1}} = \sqrt{\frac{100,000-40}{100,000-1}} = \sqrt{\frac{99,960}{99,999}} \fallingdotseq 1$$

즉, 사이즈가 큰 경우는 무한모집단과 같이 취급한다.

37 | 모비율의 추정(z 추정)

【모비율의 추정】 ▶ ▶ ▶ ▶ ▶ 모집단의 비율과 신뢰구간을 부여해서 추정하는 방법

사용할 수 있는 장면 ▶ ▶ ▶ 정당의 지지율을 신뢰구간으로 추정하고 싶을 때 등

예를 들어 '정당 지지율은 47~53%의 사이에 있다'고 하듯이 모집단의 비율을 폭을 부여해서 추정하는 방법을 모비율의 추정이라고 한다.

모비율의 추정에는 샘플 사이즈(n)에 따라서 아래의 2가지 방법이 있다.

> **모비율의 추정 2종류**
>
> • z 추정 : n 수가 30 이상인 경우에 사용
> • F 추정 : n 수가 30 미만인 경우에 사용
>
> ※ F추정의 설명은 이 책에서는 생략한다.

> **계산식**
>
> $$P = \bar{p} \pm 1.96 \times \text{SE} = \bar{p} \pm 1.96 \times \frac{s}{\sqrt{n}}$$
>
> $$= \bar{p} \pm 1.96 \times \sqrt{\frac{(\bar{p}(1-\bar{p})}{n}}$$
>
> ※ P : 모비율, $\bar{p}$: 표준비율, SE : 표준오차, s : 표준편차

> $\sqrt{(\bar{p}(1-\bar{p})}$은 비율(1, 0) 데이터의 표준편차이다(p.31)

서울에 거주하는 유권자의 정당 지지율을 조사하기 위해 $n=400$의 표본조사를 했다.
그 결과 정당을 지지하는 사람의 비율은 30%(0.3)이었다.
신뢰도 95%로 서울에 거주하는 유권자의 정당 지지율을 추정하시오.

해답

$n=400$, $\bar{p}=30\%=0.3$을 앞에 나온 계산식에 대입하면

$$0.3 \pm 1.96 \times \sqrt{\frac{0.3(1-0.3)}{400}} = 0.3 \pm 0.045$$

따라서

· 하한값 $= 0.3 - 0.045 = 0.255$
· 상한값 $= 0.3 + 0.045 = 0.345$

A. 신뢰도 95%로 서울에 거주하는 유권자의 정당 지지율은
25.5~34.5% 사이에 있다고 할 수 있다

지지율 상승 중!

통계적 검정

가설의 정도를 검증한다

주장하고 싶은 내용은 TPO에 맞춰서

통계적 검정

【통계적 검정】▶▶▶▶▶▶ 모집단에 관한 가설을 표본조사에서 얻은 정보에 기초해서 검증하는 것

통계적 검정이란 모집단에 관한 가설을 표본조사에서 얻은 정보에 기초해서 검증하는 것으로 가설검정(Hypothesis test)이라고 한다.

약의 효과를 조사하는 경우 그 약을 필요로 하는 모든 사람에게 약을 투여해보면 효과를 알겠지만 그것은 불가능하다. 때문에 임상연구에서는 일부 사람에게 약을 투여해서 거기서 얻은 데이터가 세상의 많은 사람들에게 통할지를 검증한다.

구체적으로는 해열제인 신약은 모집단에서 해열 효과가 있다는 가설을 세우고 통계적 수법을 이용해서 이 가설이 바른지를 확인한다.

모집단의 통계량에는 평균, 비율, 분산 등 여러 가지가 있지만 조사하고 싶은 모집단의 통계량에 따라서 통계적 검정이 다르다.

자주 사용되는 통계적 검정

- 모평균의 차이 검정
- 모비율의 차이 검정
- 모분산의 비율 검정
- 모상관계수의 무상관검정

검정은
하루에 해서는 안 된다

Null hypothesis
귀무가설

【귀무가설】▶▶▶▶▶▶▶ 주장하고 싶은 것과 반대의 가설을 말한다

통계적 검정에서 최초로 할 일은 주장하고 싶은 것과 귀무가설을 세우는 것이다. 모평균의 차이 검정의 예를 들어 설명한다.

'A와 B의 모평균은 다르다'는 것을 주장하고 싶은 경우 통계학에서 그것과는 반대인 'A와 B의 모평균은 같다'는 가설을 세운다. 이 가설의 귀무가설이라고 한다.

예를 들면 초등학생의 용돈 금액 평균값은 남자와 여자 간에 다르다고 주장하고 싶은 경우는 아래와 같이 귀무가설을 세운다.

주장하고 싶은 것

남자와 여자의 용돈 평균 금액은 다르다

↓ 반대의 가설을 세운다

귀무가설

남자와 여자의 용돈 평균 금액은 같다

주장하고 싶은 것을 통계학에서는 대립가설 (Alternative hypothesis)이라고 하는데 8장에서는 '주장하고 싶은 것'이라는 용어를 이용해서 설명한다

38

p value

*p*값

*p*값이 귀무가설이 우연히 성립될 확률(Probability)이다. *p*값이 가령 0.01이라는 것은 귀무가설이 우연히 생기는 것이 100회에 1회(1%) 있다는 것을 의미한다. 다시 말해 귀무가설 'A와 B의 모평균은 같다'가 우연히 생기는 확률은 1%라고 할 수 있다. 바꾸어 말하면 주장하고 싶은 것 'A와 B의 모평균은 다르다'는 판단이 틀렸을 확률은 1%라는 것이다.

*p*값은 모집단에 대해 주장하고 싶은 것이 성립하는지를 판단할 때 틀릴 확률이라고 할 수 있다.

어색한 옷차림

*p*값이 작을수록 귀무가설이 좀처럼 일어나지 않는다고 판단할 수 있다

유의수준(Significance level)

유의수준은 통계적 검정에서 귀무가설을 설정했을 때 그 귀무가설을 기각할 것인지 말 것인지의 기준이 되는 확률을 말하다. 유의수준은 데이터를 취하기 전에 결정해둔다. 0.05(5%)나 0.01(1%)과 같은 값이 자주 사용된다. 5%나 1%로 일어나는 것은 좀처럼 일어나지 않는, 매우 드문 일이라고 할 수 있기 때문이다.

데이터를 수집한 후나 해석 중에 유의수준을 결정하거나 변경하는 것은 안 된다

p값과 유의수준의 비교,
유의차 판정(Significant differentce judgement)

p값이 사전에 정해놓은 유의수준보다 작으면 귀무가설은 기각되어 주장은 성립한다. 뒤집으면 주장하고 싶은 것 'A와 B의 모평균은 다르다'가 틀릴 확률은 유의수준보다 작기 때문에 바르다고 판단한다.

p값 = 0.02, 유의수준 = 0.05라고 하면 주장하고 싶은 것을 틀릴 확률은 2%로 유의수준 5%보다 작아 'A와 B의 모평균은 다르다'는 맞다고 할 수 있다.

반대로 p값이 유의수준보다 크면 귀무가설은 기각할 수 없어 주장은 성립하지 않는다. 다시 말해 주장하고 싶은 것 'A와 B의 모평균은 다르다'가 틀렸을 확률은 유의수준보다 커 귀무가설과 어느 쪽이 바른지는 판단할 수 없다.

p값과 유의수준을 비교해서 '바르다/바르다고 할 수 없다'로 유의차가 있고 없음을 판정하는 것이다.

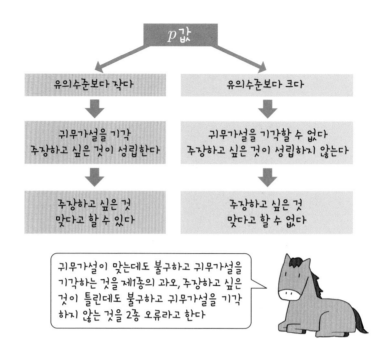

귀무가설이 맞는데도 불구하고 귀무가설을 기각하는 것을 제1종의 과오, 주장하고 싶은 것이 틀린데도 불구하고 귀무가설을 기각하지 않는 것을 2종 오류라고 한다

n.s (Not significant) 또는 $p > 0.05$

검정 결과의 표기에 '$p < 0.05$'가 있다. '$p < 0.05$'는 모집단에 대해 주장하고 싶은 것이 틀릴 확률이 5% 미만이라는 것을 의미한다. 이것을 '유의차가 있다/유의하다'라고 한다.

p값가 유의수준보다 큰 경우는 '유의차가 있다고 할 수 없다'고 한다. 이 경우 '$p > 0.05$'이라고 하지 않고 'n.s' 또는 'ns'라고 기재한다.

n.s의 경우 주장하고 싶은 것 'A와 B의 모평균은 다르다'고 할 수 없는 판단이 되지만 'A와 B의 모평균은 같다'라고 해서는 안 된다. 통계학적으로는 'A와 B의 모평균에는 유의차가 인정되지 않았다'라는 얘기다.

$n = 25$의 표본조사에서 A와 B의 모평균은 기대하고 있는 차가 보였지만 '$p = 0.06$'으로 유의차가 없었다. 이러한 경우 샘플 사이즈가 작아 유의차는 알 수 없었다고 해석한다.

한 번 기각하고 말면 그 가설을 다시 생각하지 않는다. 따라서 신중하게 기각한다

양측검정(Two-sided test)과 단측검정(Single tail test)

통계적 검정에서 가장 먼저 하는 일은 주장하고 싶은 것과 귀무가설의 2가지를 세우는 것이었다.

주장하고 싶은 가설은 다음의 3가지를 생각할 수 있다.

08
통계적 검정

① 모평균 A와 모평균 B는 다르다
② 모평균 A는 모평균 B보다 높다
③ 모평균 A는 모평균 B보다 낮다

예를 들면 아래와 같다.

① 모집단의 용돈 금액 평균값은 남자와 여자가 다르다
② 모집단의 용돈 금액 평균값은 남자가 여자보다 높다
③ 모집단의 용돈 금액 평균값은 남자가 여자보다 낮다

①의 경우 '다르다'는 것은 용돈 금액 평균값은 남자와 여자 어느 쪽이 높은지 낮은지는 알 수 없지만 어쨌든 다르다는 의미이다. 이 가설하에 수행하는 검정을 양측검정이라고 한다.

②의 모집단의 용돈 금액 평균값은 남자가 여자보다 높다 또는 ③의 모집단의 용돈 금액 평균값은 남자가 여자보다 낮다는 가설하에서의 검정을 단측검정이라고 한다.

②의 모집단의 용돈 금액 평균값은 남자가 여자보다 높다는 가설하에서의 검정을 특히 우측검정(상측검정)이라고 한다.

③의 모집단의 용돈 금액 평균값은 남자가 여자보다 낮다라는 가설하에서의 검정을 특히 좌측검정(하측검정)이라고 한다.

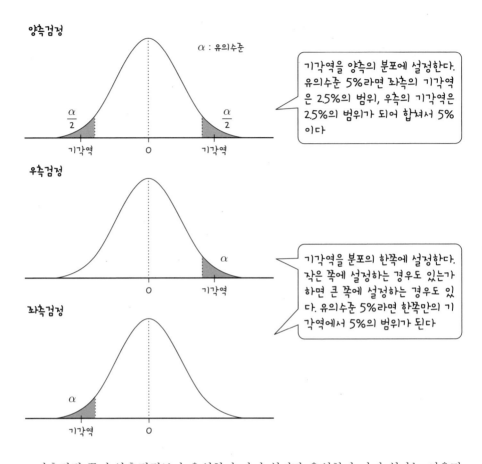

양측검정

$\frac{\alpha}{2}$ ... $\frac{\alpha}{2}$

기각역 ... O ... 기각역

α : 유의수준

> 기각역을 양측의 분포에 설정한다. 유의수준 5%라면 좌측의 기각역은 2.5%의 범위, 우측의 기각역은 2.5%의 범위가 되어 합쳐서 5%이다

우측검정

O ... 기각역 ... α

> 기각역을 분포의 한쪽에 설정한다. 작은 쪽에 설정하는 경우도 있는가 하면 큰 쪽에 설정하는 경우도 있다. 유의수준 5%라면 한쪽만의 기각역에서 5%의 범위가 된다

좌측검정

α ... 기각역 ... O

　단측검정 쪽이 양측검정보다 유의차가 나기 쉽지만 유의차가 나기 쉽다는 이유만으로 단측검정을 사용하는 것은 좋지 않다. 특별한 이유가 없는 한 단측검정을 사용하지 않는다.

　'용돈 금액의 평균값은 남자가 여자보다 높다'라고 믿는 것은 나쁜 것은 아니지만 조사를 하기까지는 남자가 여자보다 높다는 정보가 없는 것이 보통이다. 따라서 '용돈 금액의 평균값은 남자가 여자보다 높다'라는 단측검정은 바람직하지 않다.

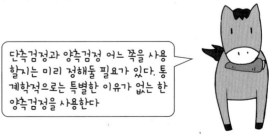

> 단측검정과 양측검정 어느 쪽을 사용할지는 미리 정해둘 필요가 있다. 통계학적으로는 특별한 이유가 없는 한 양측검정을 사용한다

통계적 검정의 방법

'A와 B 두 그룹의 모평균은 다르다'라는 가설을 검증하는 모평균 차의 검정에서는
검정 방법을 아래의 절차에 따라 해설한다.

> 1. 주장하고 싶다는 것과 귀무가설을 세운다
> 2. 기본 통계량을 산출한다
> 3. 검정 통계량을 산출한다
> 4. p값을 산출한다
> 5. 유의차 판정을 실시한다

1. 주장하고자 하는 것과 귀무가설을 세운다

① 주장하고자 하는 것 : A와 B 두 그룹의 모평균은 다르다

② 반대의 가설인 귀무가설은 필연적으로 정해진다

→ 귀무가설 : A와 B 두 그룹의 모평균은 같다

③ 주장하고자 하는 것에서 양측검정인지 단측검정인지를 정한다

→ 이 테마가 주장하고자 하는 것은 'A와 B 두 그룹의 모평균은 다르다'이기 때
문에 양측검정을 적용한다

2. 기본 통계량을 산출한다

조사 데이터에서 평균값과 표준편차를 구한다(아래 표).

2군	샘플 사이즈	표본평균	표본표준편차
A	n_1	x_1	s_1
B	n_2	x_2	s_2

3. 검정 통계량을 산출한다

기본 통계량을 토대로 공식을 사용해서 검정 통계량을 산출한다. 두 그룹의 모평
균 차에 관한 검정이므로 검정 통계량은 다음의 식으로 구할 수 있다.

계산식

$$검정\ 통계량 = \frac{x_1 - x_2}{표준오차\ SE}$$

검정 통계량의 산출 공식은 이용하는 검정에 따라서 바뀐다. 여기서 소개한 공식은 2군의 모평균의 값을 검정할 때 이용하는 것이다

다음으로 검정 통계량의 분포를 조사한다.

모평균 차의 검정에서의 검정 통계량은 다음과 같다.

- **모집단이 정규분포인 경우**
  → 검정 통계량은 귀무가설하에 z 분포(p.104)가 된다

  ※ z 분포를 적용하는 검정을 z 검정이라고 한다

- **모집단의 정규성이 불명한 경우**
  → 검정 통계량은 귀무가설하에 t 분포(p.115)가 된다

  ※ t 분포를 적용하는 검정을 t 검정이라고 한다

귀무가설 'A와 B 두 그룹의 모평균은 같다'는 가설하에 여러 차례 표본조사를 하여 검정 통계량을 구했다고 하자. 검정 통계량의 도수분포를 작성하면 그 분포는 z분포 또는 t분포가 된다.

4. p값을 산출한다

p값은 z분포 또는 t분포에서 검정 통계량의 상측 확률(또는 하측 확률)로 구할 수 있다. 확률에서 p값을 구할 수 있다.

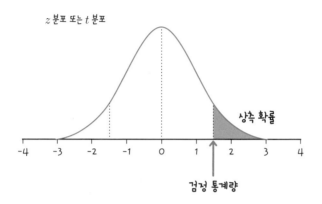

- 양측검정 ⇒ p값은 검정 통계량의 상측 확률의 2배
- 단측검정(우측 검정) ⇒ p값은 검정 통계량의 상측 확률
- 단측검정(좌측 검정) ⇒ p값은 검정 통계량의 하측 확률

5. 유의차 판정을 한다

- p값 < 유의수준인 경우
  → 귀무가설을 기각하여 주장하고자 하는 것(대립가설)을 채택
  → 유의차가 있다고 할 수 있다
- p값 ≧ 유의수준인 경우
  → 귀무가설을 기각하지 못해 주장하고 싶은 것(대립가설)을 채택할 수 없다
  → 주장하고자 하는 일의 판정을 보류한다 = 유의차가 있는지 알 수 없다
  ※ '유의차가 있다고 할 수 없다'고 표현해도 좋다

이상에서 유의수준은 0.05 또는 0.01을 적용한다

$$p값 < 0.01 \quad [**] \text{ 판단이 잘못될 확률은 1\% 미만}$$
$$0.01 \leqq p값 < 0.05 \quad [*~] \text{ 판단이 잘못될 확률은 1~5\% 미만}$$
$$p값 \geqq 0.05 \quad [~~] \text{ 판단이 잘못될 확률은 5\% 이상}$$

검정 방법에 대해서는 다음 장에서 문제를 풀면서 자세하게 설명한다.

슬슬 상급편이냥

평균값에 관한 검정

입시학원의 여름은 뜨겁다!

z test

모평균의 차 z 검정

【모평균의 차 z 검정】 ▶ ▶ ▶ ▶ ▶ ▶ ▶ 두 그룹의 모집단이 정규분포인 경우에 이용하는 검정 방법
으로 두 그룹의 모평균이 다른 것을 밝힌다

모집단에 대해 'A와 B 두 그룹의 모평균은 다르다'는 것을 밝히는 검정 방법에는 2
종류가 있으며 z 분포(p.104)로 수행하는 z 검정과 t 분포(p.115)로 수행하는 t 검정이 있
다는 것은 제8장에서 설명했다.

이 장에서는 각각의 검정에 대해 자세하게 설명한다.

우선은 z 분포로 수행하는 z 검정에 대해 알아본다. 다만 z 검정은 두 그룹의 모집단
이 정규분포인지 알고 있는 경우에 적용한다.

문제를 풀면서 사용 절차를 살펴보자.

문제

전국에 있는 편의점 회사 A에서 50매장, 편의점 회사 B에서 40매장를 무작위로 추출
해서 1일 판매(하루 평균 판매액)을 조사한 결과 아래 표의 데이터를 얻었다.
전국에 편의점 회사 A의 1일 판매액은 편의점 회사 B의 1일 판매액과 다르다고 할 수
있는지를 구하시오.
다만 1일 판매액은 정규분포라고 하자.

편의점 회사	샘플 사이즈	표본 평균	표본 표준편차
A	n_1	$\bar{x}_1$	s_1
B	n_2	$\bar{x}_2$	s_2

편의점 회사	샘플 사이즈	표본 평균	표본 표준편차
A	50	48만 원	10만 원
B	40	52만 원	9만 원

아래의 절차에 따라 구한다.

① 가설을 세운다

우선 귀무가설과 대립가설을 생각한다. 대립가설이란 제8장에서 말한 '주장하고 싶은' 것이 된다.

- 귀무가설 : A 편의점 회사의 1일 판매액과 B 편의점 회사의 1일 판매액은 같다
- 대립가설 : A 편의점 회사의 1일 판매액은 B 편의점 회사의 1일 판매액과 다르다

여기에서 양측검정을 적용한다.

② 검정 통계량을 산출한다

검정 통계량은 아래의 식으로 구할 수 있다.

계산식

$$\text{검정 통계량} = \frac{x_1 - x_2}{\text{표준오차}} = \frac{x_1 - x_2}{\sqrt{\dfrac{s^2}{n_1} + \dfrac{s^2}{n_2}}}$$

※ $(x_1 - x_2)$가 마이너스인 경우 플러스 값으로 변환한다

따라서,

$$\text{검정 통계량} = \frac{|48 - 52|}{\sqrt{\dfrac{10^2}{50} + \dfrac{9^2}{40}}} = \frac{4}{\sqrt{2 + 2.025}} = \frac{4}{2.006} = 1.99$$

③ z검정, t검정을 판정한다

모집단은 z분포(표준정규분포)이기 때문에 z검정을 적용한다.

④ p값을 산출

대립가설 'A는 B와 다르다'의 양측검정을 한다. 양측검정 = 'A는 B보다 크다'의 우측검정과 'A는 B보다 작다'의 좌측검정 양방을 동시에 수행한다.
한편 양측검정의 p값은 검정 통계량의 상측 확률의 2배이다.

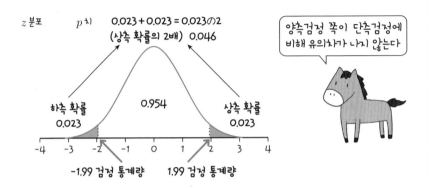

z분포의 양측검정의 p값은 아래의 엑셀의 함수로 간단하게 구할 수 있다.

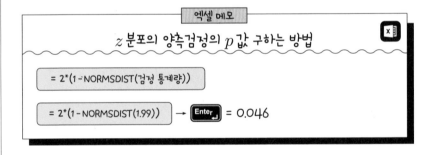

⑤ 유의차를 판정한다

p값 = 0.046 < 유의수준 0.05

따라서 귀무가설을 기각하고 대립가설을 채택한다.
때문에 편의점 회사 A와 B의 1일 판매액은 다르다고 할 수 있다.

A. 다르다고 할 수 있다

40 | t test
t 검정

【t 검정】 ▶▶▶▶▶▶▶▶ 모평균에 관한 검정
사용할 수 있는 장면 ▶▶▶ 남성 사원과 여성 사원의 보너스 평균액에 차이가 있는지를 조사할
때(단, 두 그룹의 표준편차가 같다는 것을 알고 있는 경우) 등

t 분포로 수행하는 t 검정은 두 그룹의 모집단 분포의 정규성을 알 수 없는 경우에 적용한다.

t 검정에는 t 검정과 웰치의 t 검정이 있다.

두 검정의 사용법은 표본조사 2군의 기본 통계량을 사용하여 모표준편차를 구해서 2군의 모표준편차가 같은지 아닌지에 따라 표준오차 SE를 구하는 방법이 다르다.

문제

아래는 어느 초등학교의 용돈 금액을 조사한 결과이다.

이 초등학교의 남학생과 여학생의 금액 평균에 차이가 있는지를 구하시오.

다만 금액은 정규분포인지 아닌지는 알 수 없고 모집단의 남학생과 여학생의 표준편차는 같다는 것을 알고 있다.

2군	샘플 사이즈	표본 평균	표본 표준편차
A	n_1	$\bar{x}_1$	s_1
B	n_2	$\bar{x}_2$	s_2

성별	샘플 사이즈	표본 평균	표본 표준편차
남학생	100	29,300원	15,300원
여학생	90	25,000원	13,200원

09

평균값에 관한 검정

161

아래의 절차에 따라 구한다.

① 귀무가설과 대립가설을 세우고 양측검정인지 단측검정인지 판정한다

- 귀무가설 : 남학생과 여학생의 용돈 금액은 같다
- 대립가설 : 남학생과 여학생의 용돈 금액은 다르다

여기에서 양측검정을 적용한다.

② 검정 통계량을 산출한다

검정 통계량은 아래의 식으로 구할 수 있다.

계산식

$$검정\ 통계량 = \frac{x_1 - x_2}{표준오차} = \frac{x_1 - x_2}{\sqrt{\dfrac{s^2}{n_1} + \dfrac{s^2}{n_2}}}$$

모집단의 남학생와 여학생의 표준편차가 같다는 것을 알기 때문에 '남학생 표본분산과 여학생 표본분산도 같다'고 한다.

표본분산 s^2는 아래의 식(s_1^2와 s_2^2의 가중평균)으로 구할 수 있다.

$$s^2 = \frac{(n_1 - 1)\,s_1^2 + (n_2 - 1)\,s_2^2}{n_1 + n_2 - 2}$$

따라서,

$$s^2 = \frac{99 \times (15,300)^2 + 89 \times (13,200)^2}{100 + 90 - 2} = 205,756,755$$

여기에서,

$$검정\ 통계량 = \frac{29,300 - 25,000}{\sqrt{\dfrac{205,756,755}{100} + \dfrac{205,756,755}{90}}} = \frac{4,300}{2,084} = 2.06$$

③ z 검정, t 검정을 판정한다

모집단이 정규분포인지 아닌지는 알 수 없고 모표준편차가 같기 때문에 t 검정을 적용한다.

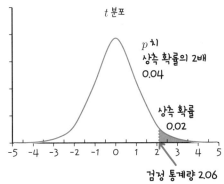

④ p값을 산출한다

t 검정의 양측검정의 p값은 t 분포의 검정 통계량의 상측 확률의 2배이다.
t 분포의 p값은 아래의 엑셀의 함수로 간단하게 구할 수 있다.

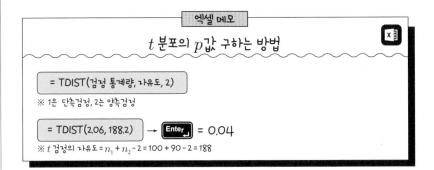

⑤ 유의차를 판정한다

p치=0.04 < 유의수준 0.05

따라서 귀무가설은 기각되고 대립가설을 채택한다.
이상에서 남학생과 여학생의 용돈 금액은 다르다고 할 수 있다.

A. 다르다고 할 수 있다

Welch test
웰치의 t 검정

【웰치의 t 검정】 ▶ ▶ ▶ ▶ ▶ 두 그룹의 모집단의 분포 정규성이 불명하고 두 그룹의 모표준편차가 같지 않은 경우의 검정법

사용할 수 있는 장면 ▶ ▶ ▶ 남성 사원과 여성 사원의 보너스 평균액에 차이가 있는지를 조사할 때(단, 표준편차가 같지 않다는 것을 알고 있는 경우) 등

웰치의 검정이란 두 그룹의 모집단의 분포 정규성이 불명하고 두 그룹의 모표준편차가 같지 않은 경우에 사용하는 검정법이다.

문제를 풀면서 사용 방법을 살펴보자.

문제

아래는 초등학교의 용돈 금액을 조사한 결과이다.

이 초등학교의 남학생과 여학생의 용돈 금액 평균에 차이가 있다고 할 수 있는지를 구하시오.

단, 금액은 정규분포인지 알지 못하고 모집단의 남학생과 여학생의 표준편차는 다르다고 하자.

2군	샘플 사이즈	표본 평균	표본 표준편차
A	n_1	$\bar{x}_1$	s_1
B	n_2	$\bar{x}_2$	s_2

성별	샘플 사이즈	표본 평균	표본 표준편차
남학생	100	29,300원	15,300원
여학생	90	25,000원	13,200원

해답

아래의 절차에 따라 구한다.

① 귀무가설과 대립가설을 세우고 양측검정인지 단측검정인지 판정한다

- 귀무가설 : 남학생과 여학생의 용돈 금액은 같다
- 대립가설 : 남학생과 여학생의 용돈 금액은 다르다

여기에서 양측검정을 적용한다.

② 검정 통계량을 산출한다

계산식

$$\text{검정 통계량} = \frac{x_1 - x_2}{\text{표준오차}} = \frac{x_1 - x_2}{\sqrt{\dfrac{s^2}{n_1} + \dfrac{s^2}{n_2}}}$$

따라서,

$$\text{검정 통계량} = \frac{29,300 - 25,000}{\sqrt{\dfrac{(15,300)^2}{100} + \dfrac{(13,200)^2}{90}}}$$

$$= \frac{4,300}{\sqrt{1,340,900 + 1,936,000}}$$

$$= \frac{4,300}{2,084} = 2.08$$

③ z 검정, t 검정을 판정한다

모집단이 정규분포인지 알지 못하고 모표준편차가 같지 않기 때문에 웰치의 t 검정을
적용한다.

④ p 치를 산출한다

웰치의 t 검정의 양측검정의 p 값은 t 분포의 검정 통계량의 상측 확률의 2배이다.

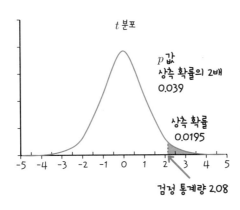

t분포의 p값은 엑셀의 함수를 사용하면 간단하게 구할 수 있다.

엑셀 메모

t 분포의 p 값 구하는 방법

= TDIST(검정 통계량, 자유도, 2)

※ 1은 단측검정, 2는 양측검정

= TDIST(2.08, 188.2) → Enter ⏎ = 0.039

※ 웰치의 t 검정의 자유도 f 는 다음 식으로 구한다.

$$f = \left(\frac{s_1^2}{n_1} + \frac{s_2^2}{n_2} \right)^2 \div \left(\frac{s_1^4}{n_1^2(n_1-1)} + \frac{s_2^4}{n_2^2(n_2-1)} \right)$$
$$f = 188$$

⑤ 유의차를 판정한다

p값 = 0.039 < 유의수준 0.05

따라서 귀무가설은 기각하고 대립가설을 채택한다.
이상에서 남학생과 여학생의 용돈 금액은 다르다고 할 수 있다.

A. 다르다고 할 수 있다

대응이 없다, 대응이 있다란

두 집단의 데이터 비교에서, 가령 건강군과 환자군은 다른 집단의 비교이다.

이에 대해 환자군에서 약물 투여 전후의 체온 비교는 같은 환자(같은 집단)의 비교이다.

다음에 나타내는 두 예의 데이터는 어느 쪽에 속할까?

건강군과 환자군과 같이 다른 집단의 비교를 대응이 없는 데이터의 비교, 환자군끼리와 같이 같은 집단의 비교를 대응이 있는 데이터의 비교라고 한다.

【예 1】

흡연자에게 하루에 담배를 몇 개 피우는지를 묻은 결과 남성은 평균 13개, 여성은 평균 7개였다.

조사 결과에서 모집단의 흡연 개수 평균이 남성과 여성이 다른지를 밝히고자 한다.

이 경우 비교하는 집단은 남성과 여성이기 때문에 '대응이 없는 데이터'라고 한다.

남성과 여성 ➡ 별도 집단끼리의 비교 → 대응이 없는 데이터

【예 2】

제약회사가 해열제를 개발했다. 그 신약 Y의 해열 효과를 밝히기 위해 10명의 환자를 대상으로 약제 투여 전과 투여 후의 체온을 조사했다. 체온 평균값은 투여 전이 38℃, 투여 후가 36.7℃였다. 모집단에서 체온 평균값은 투여 전과 투여 후가 다른지를 밝히시오.

이 경우 조사 대상은 같은 10명이기 때문에 '대응이 있는 데이터'라고 한다.

같은 대상자 ➡ 같은 집단끼리의 비교 → 대응이 있는 데이터

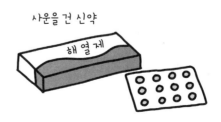

사운을 건 신약

해열제

42 | 대응이 있는 t 검정

【대응이 있는 t 검정】 ▶▶▶ 차분 데이터의 평균과 표준편차에 관한 검정 방법
사용할 수 있는 장면 ▶▶▶ 입시학원의 여름방학 특강 전후의 시험 평균점이 다른지를 알고자
할 때 등

모평균의 차 z검정~웰치의 t검정(p.158~167)에서는 대응이 없는 데이터의 검정 방법을 설명했다. 여기서는 대응이 있는 데이터의 검정 방법을 설명한다.

대응이 있는 t검정은 차분 데이터의 평균과 표준편차(아래 표)를 검토하기 위한 통계 수법이다.

No	A	B	차분
1	a_1	b_1	$a_1 - b_1$
2	a_2	b_2	$a_2 - b_2$
3	a_3	b_3	$a_3 - b_3$
⋮	⋮	⋮	⋮
n	a_n	b_n	$a_n - b_n$
평균	$\bar{x}_1$	$\bar{x}_2$	$\bar{x}$
표준편차			s

대응이 있는 경우의 t검정은 샘플 사이즈가 큰 경우는 모집단의 차분 데이터의 분포가 정규분포가 아니라도 적용할 수 있다. 샘플 사이즈가 작은 경우 모집단의 검정에 맞지 않기 때문에 가능한 한 샘플 사이즈를 늘리기 바란다.

샘플 사이즈가 어느 정도 있으면 되는지의 통계학적 기준은 없지만 일반적으로 30 미만을 적다고 한다

문제

제약회사가 해열제의 신약 Y를 개발했다. 그 해열 효과를 밝히기 위해 50명의 환자를 대상으로 투여 전과 투여 후의 체온을 조사했다.
모집단에서 체온 평균값이 투여 전과 투여 후에 다른지를 구하시오.

	투여 전 체온	투여 후 체온	차분 데이터
No1	37.6	37.0	0.6
No2	37.3	37.2	0.1
No3	36.5	35.2	1.3
No4	38.8	37.8	1.0
⋮	⋮	⋮	⋮
No48	38.1	36.4	1.7
No49	37.3	36.0	1.3
No50	37.0	36.0	1.0
		평균	0.734
		표준편차	0.691

해답

아래의 절차로 구할 수 있다.

① 귀무가설과 대립가설을 세우고 양측검정인지 단측검정인지를 판정한다

· 귀무가설 : 투여 전과 투여 후의 체온 평균값은 같다
· 대립가설 : 투여 전과 투여 후의 체온 평균값은 다르다
여기에서 양측검정을 적용한다.

② 검정 통계량을 산출한다

$$검정\ 통계량 = \frac{차분\ 데이터의\ 평균값}{표준오차\ SE} = \frac{\overline{x}}{\frac{s}{\sqrt{n}}}$$

※ $\overline{x}$가 마이너스인 경우 플러스 값으로 변환

169

따라서,

$$검정\ 통계량 = \frac{0.734}{\dfrac{0.691}{\sqrt{50}}}$$

$$= \frac{0.734}{0.0977}$$

$$= 7.51$$

③ p값을 산출한다

대응이 있는 t검정의 양측검정의 p값은 t분포의 검정 통계량 상측 확률의 2배이다.
t분포의 p값은 아래의 엑셀의 함수로 간단하게 구할 수 있다.

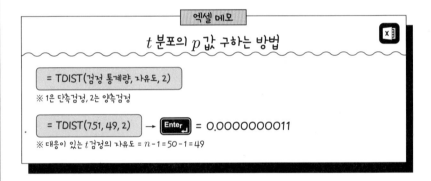

④ 유의차를 판정한다

p치 = 0.0000000011 < 유의수준 0.05

따라서 귀무가설은 기각하고 대립가설을 채택한다.
이상에서 체온 평균값은 투여 전과 투여 후가 다르다고 할 수 있다.

A. 다르다고 할 수 있다

43 | 모평균차분의 신뢰구간

Confidence interval for the mean difference

【모평균차분의 신뢰구간】 ▶ ▶ ▶ ▶ 표본평균의 차분에 폭을 둬서 추계할 때의 폭을 말한다

신뢰

두 모평균의 차분을 추측하기 위해 표본조사를 해서 두 집단의 표본평균의 차분을 산출했다.

표본조사로 구한 표본평균의 차분에는 큰 값도 있는가 하면 작은 값도 있기 때문에 **표본평균의 차분이 모집단의 차분이라고 단언하는 것은 위험하다.**

그래서 표본평균의 차분에 폭을 두고 추계한다.

이 폭을 모평균차분의 신뢰구간이라고 한다.

신뢰구간은 표준오차 SE(p.126)를 사용해서 산출한다.

계산식

$$신뢰구간 = (\overline{x}_1 - \overline{x}_2) \pm 기각한계값 \times 표준오차$$
$$또는\ 신뢰구간 = \overline{x} \pm 기각한계값 \times 표준오차$$

표준오차 SE의 산출 방법은 모평균 차의 검정과 마찬가지로 모집단의 정보에 따라서 다르다. 각 표준오차의 산출 방법은 아래의 페이지를 참조하기 바란다.

※ z검정 → p.158

대응이 없는 t검정 → p.161

웰치의 t검정 → p.164

대응이 있는 t검정 → p.168

기각한계값는 유의수준과 모집단의 정규성에 따라서 다르다

z 검정의 기각한계값

아래와 같다. 모두 n의 대소에 관계없이 정해지는 값이다.

> • 신뢰도 95% → 1.96
> • 신뢰도 99% → 2.58

t 검정의 기각한계값

아래의 엑셀 함수에서 구할 수 있다.

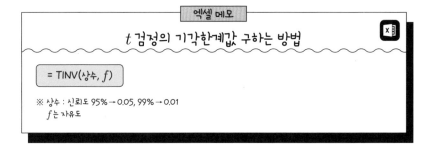

┌─────── 엑셀 메모 ───────┐

t 검정의 기각한계값 구하는 방법

= TINV(상수, f)

※ 상수 : 신뢰도 95% → 0.05, 99% → 0.01
   f는 자유도

신뢰구간을 적용한 유의차 검정

아래와 같이 신뢰구간을 사용해서 유의차 판정을 할 수 있다.

> • 신뢰구간이 0을 걸치지 않는다(상한값과 하한값의 부호가 같다)
> → 비교하는 두 집단의 평균값은 다르다(→ 아래 그림의 케이스 1)
>
> • 신뢰구간이 0을 걸친다(상한값과 하한값의 부호가 다르다)
> → 비교하는 두 집단의 평균값은 다르다고 할 수 없다
>   (→ 아래 그림의 케이스 2)

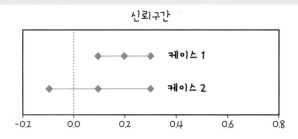

문제

어느 초등학교 남학생과 여학생의 용돈 금액이 다른지를 파악하기 위해 남학생의 평균값에서 여학생의 평균값을 뺀 평균값차분에 대해 검토했다.

남학생의 평균은 32,430원, 여학생의 평균은 25,356원으로 평균값차분은 7,074 원이었다.

이 초등학교 전 학생의 평균값차분이 취할 수 있는 범위를 신뢰도 95%로 조사하시오.

단, 금액은 정규분포인지 아닌지 알지 못하고 모집단의 남학생와 여학생의 표준편차는 같다고 하자.

	용돈 금액			
	남학생		여학생	
n	n_1	100	n_2	104
평균값	$\bar{x}_1$	32,430원	$\bar{x}_2$	25,356원
표준편차	s_1	24,663원	s_2	21,171원

→ 평균값차분 = 32,430 − 25,356
= 7,074

해답

남성과 여성이기 때문에 대응이 없는 데이터이다.

또한 모집단의 정규분포가 불명, 모표준편차는 같으므로 t 검정을 적용한다.

자유도 $f = n_1 + n_2 - 2 = 100 + 104 - 2 = 202$

또한 기각한계값은 1.970이다(엑셀 함수 = TINV(0.05, 202) 에서 산출).

표본분산 s^2는 아래의 식(s_1^2와 s_2^2의 가중평균)으로 구할 수 있다.

$$s^2 = \frac{(n_1 - 1)s_1^2 + (n_2 - 1)s_2^2}{n_1 + n_2 - 2}$$

위의 식에 수치를 대입하면,

$$s^2 = \frac{99 \times (24,663)^2 + 103 \times (21,171)^2}{100 + 104 - 2} = 526,652,728$$

신뢰구간은 아래의 식에서 구할 수 있다.

$$신뢰구간 = (\bar{x}_1 - \bar{x}_2) \pm 기각한계값 \times \sqrt{\frac{s^2}{n_1} + \frac{s^2}{n_2}}$$

수치를 대입하면,

$$신뢰구간 = (32{,}430 - 25{,}356) \pm 1.97 \times \sqrt{\frac{526{,}652{,}728}{100} + \frac{526{,}652{,}728}{104}}$$

$$= 7{,}074 \pm 1.97 \times 3{,}214$$
$$= 7{,}074 \pm 6{,}338$$

7,074 ± 6,338을 도표로 하면 아래와 같다.

신뢰구간		
평균값차분	하한값	상한값
7,074원	736원	13,412원

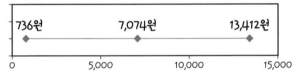

평균치차분의 신뢰구간

이상에서 이 학교 전 학생의 평균값차분을 취할 수 있는 범위, 신뢰구간은 736~13,412원인 것을 알았다.

A. 736~13,412원

신뢰구간을 사용하면 유의차 판정을 할 수 있다

• 신뢰구간이 0을 걸치지 않는다
(상한값과 하한값의 부호 모두 플러스(+)로 같다)
→ 비교하는 두 집단의 평균값은 다르다

위 문제의 해답은 0을 걸치지 않으므로 남학생과 여학생의 용돈 금액은 다르다고 할 수 있다

p값≧0.05이기 때문에 두 집단의 평균은 같다고 할 수 없다

문제

해열제인 시약 Y와 기존 약 X를 할당한 연구에서 약제 투여 전후의 체온 저하 평균값을 조사했다. 연구 1의 n수는 35, 연구 2의 n수는 350이다.

연구 1

	신약 Y 체온 저하	기존 약 X 체온 저하
n 수	15	20
표본평균	1.000	0.980
표본표준편차	0.576	0.527

총 35

연구 2

	신약 Y 체온 저하	기존 약 X 체온 저하
n 수	150	200
표본평균	1.000	0.980
표본표준편차	0.576	0.527

총 350

위의 두 연구에 대해 대응이 없는 t검정을 실시했다.

- 귀무가설 : 신약 Y의 체온 저하 평균값은 기존 약 X와 동등하다.
- 대립가설 : 신약 Y의 체온 저하 평균값은 기존 약 X와 차이가 있다.

연구 1

기각한계값	2.03
표준오차	0.187
t값	0.107
p값	0.916

연구 2

기각한계값	1.97
표준오차	0.059
t값	0.338
p값	0.736

위의 검정 결과인 연구 1, 연구 2 모두 p값 ≧ 0.05인 것을 알 수 있어 귀무가설을 기각하지 못해 주장하고자 하는 것은 성립하지 않았다.

이 해석 결과 다음 1과 2의 어느쪽이 맞는지를 답하시오.

1. 신약 Y의 체온 저하 평균값은 기존 약 X와 동등하다.
2. 신약 Y의 체온 저하 평균값은 기존 약 X와 차이가 있다고는 할 수 없다.

정답은 2이다.

p값은 '차이가 있다고는 할 수 없다'는 것은 증명할 수 있어도 '같다'라는 것을 증명하는 것을 불가능하기 때문이다.

연구 1, 연구 2 모두 p값은 0.05를 넘어 귀무가설을 기각하지 못해 주장하고자 하는 대립가설이 성립하지 않았다. 귀무가설을 기각할 수 없다고 해서 귀무가설이 맞다는 것이 성립한 것은 아니다. 즉 귀무가설의 '같다'라는 판단이 불가능하다. 이 점에서 동등성을 나타내기 위해 p값을 이용하는 것은 금지되어 있다.

A. 2

동등성 검정이란

두 집단이 같다는 것을 조사하는 방법에 동등성 검정(Equivalence Trials)이라는 방법이 있다.

동등성의 해석에는 p값이 아니라 모평균차분의 신뢰구간을 이용한다.

p.175 문제의 모평균차분의 신뢰구간을 구하니 아래 표와 같았다.

연구 1

	신뢰구간
하한값	-0.36
표본평균차분	0.02
상한값	0.40

연구 2

	신뢰구간
하한값	-0.10
표본평균차분	0.02
상한값	0.14

연구1

신뢰구간은 [-0.36~0.40]이다. 즉 같은 내용의 연구를 반복한 경우 신약의 체온 저하가 기존 약의 체온 저하보다 0.40℃나 높아지는 일도 있는가 하면 그 반대로 신약이 기존 약보다 0.36℃ 체온이 낮아지는 일도 있다고 해석할 수 있다.

차이가 0.40℃가 되면 0℃에서 크게 괴리해서 동등성이 있다고 말하는 것은 불가능하다.

연구 2

신뢰구간은 [-0.10~0.14]이다. 연구 1에 비해 신뢰구간의 폭이 좁다. 이 정도의 폭은 좁기는 0에 가까운 값이기 때문에 임상적으로 동등하다고 판단한다.

다만 이 판단의 기준이 되는 '이 정도라면 허용할 수 있다'라는 동등성의 허용 범위는 연구를 시작하기 전에 정하고 연구 계획서에 기재해두는 것이 의무이다.

허용 범위를 동등성 한계(Equivalence margin)라고 한다.

이 연구 1, 연구 2에서는 동등성 한계를 [-0.2~0.2]으로 했다.

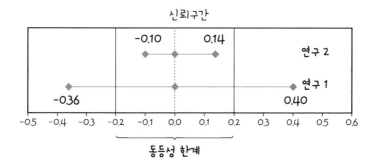

연구 2는 동등성 한계의 범위에 들어 있으므로 동등성이 있다고 할 수 있다

어느 세계나 신용이
중요하다냥

비율에 관한 검정

맥네마 검정이 시대의 변화를 해명한다

vs

모비율 차이의 검정 종류

【모비율 차이의 검정 종류】 ▶ ▶ ▶ 두 모집단의 비율에 차이가 있는지를 조사하는 방법을 말한다

모비율 차이의 검정은 두 모집단의 비율에 차이가 있는지를 조사하는 방법이다.

검정 방법은 비율을 구하는 방식에 따라 다르다. 비율을 구하는 방식은 4유형이 있고 검정 공식도 각각 대응해서 4개가 있다.

그러면 구체적인 예를 들어 4유형을 살펴보자.

구체 예

아래 표의 데이터를 이용해서 검정 방법을 유형별로 나누어보자. 한편 데이터는 10명의 대상자에게 제품 A와 제품 B 각각의 보유 유무, 성별에 대해 설문조사를 한 결과이다.

응답자 No.	제품 A	제품 B	성별
1	○	○	남성
2	○	×	남성
3	○	×	남성
4	×	×	남성
5	×	×	남성
6	○	×	여성
7	○	×	여성
8	×	×	여성
9	×	○	여성
10	×	○	여성

○는 보유, ×는 미보유

유형별 검정 방법

▶▶▶ **유형①** 대응이 없는 경우의 검정

제품 A를 보유하고 있는 5명의 남성과 여성의 비율 비교
다른 집단을 비교 → 검정 방법 : z검정

▶▶▶ **유형②** 대응이 있는 경우의 검정

응답자 10명의 제품 A와 제품 B의 보유율 비교
같은 대상자를 비교 → 검정 방법 : 맥네마 검정

▶▶▶ **유형③** 종속 관계에 있는 경우의 검정

응답자 10명의 제품 A의 보유율과 미보유율 비교
동일 항목의 카테고리를 비교 → 검정 방법 : z검정

▶▶▶ **유형④** 일부 종속 관계가 있는 경우의 검정

제품 A의 전체 보유율과 남성의 보유율 비교
전체와 일부 집단을 비교 → 검정 방법 : z비교

여기에서 말하는 종속관계란, 가령 설문조사에서 예 또는 아니오 둘 중 하나를 선택하는 양자택일에서 한쪽 비율이 증가하면 다른 쪽 비율은 낮아지는 관계를 말한다

검정을 잘 사용하면 뭐든 알 수 있으니까

설문지

44 대응이 없는 경우의 검정 (z검정)

사용할 수 있는 장면 ▶ ▶ ▶ 어느 마을의 남성과 여성 간에 설문조사 응답률에 차이가 있는지 조사하고자 할 때 등

대응이 없는, 즉 다른 집단을 비교하는 경우에 이용하는 z검정을 설명한다.

문제

아래 표는 어느 마을의 500명에 대해 제품 A를 보유하고 있는지 여부와 성별을 조사한 결과이다. 이 마을 전체의 남성과 여성 사이에 제품 A의 보유율에 차이가 있는지를 구하시오.

	보유 유무	성별
1	○	남성
2	○	남성
3	○	남성
4	×	남성
5	×	남성
6	○	여성
7	○	여성
8	×	여성
9	×	여성
10	×	여성
⋮	⋮	⋮
500	○	남성

○는 보유, ×는 미보유

크로스 집계

	응답 인수	A제품 보유율
남성	200	40%
여성	300	30%

	응답 인수	A제품 보유율
남성	n_1	p_1
여성	n_2	p_2

대응이 있는지 없는지를 규명하는 것이 첫 단계이다

아래의 절차에 따라 검증한다.

① 귀무가설과 대립가설을 세우고 양측검정인지 단측검정인지를 판정한다

- 귀무가설 : 제품 A의 보유율은 남성과 여성이 같다
- 대립가설 : 제품 A의 보유율은 남성과 여성이 다르다

여기에서 양측검정을 적용한다.

② 검정 통계량을 산출한다

$$검정\ 통계량 = \frac{p_1 - p_2}{표준오차}$$

$$= \frac{p_1 - p_2}{\sqrt{\bar{p}(1-\bar{p})\left(\frac{1}{n_1} + \frac{1}{n_2}\right)}}$$

$$표준오차는 = \sqrt{\bar{p}(1-\bar{p})\left(\frac{1}{n_1} + \frac{1}{n_2}\right)} \qquad \bar{p} = \frac{n_1 p_1 + n_2 p_2}{n_1 + n_1}$$

$$\bar{p} = \frac{200 \times 0.4 + 300 \times 0.3}{200 + 300} = \frac{170}{500} = 0.34$$

따라서,

$$검정\ 통계량 = \frac{0.4 - 0.3}{\sqrt{0.34(1 - 0.34)\left(\frac{1}{200} + \frac{1}{300}\right)}}$$

$$= \frac{0.1}{\sqrt{0.34 \times 0.66 \times 0.00833}}$$

$$= \frac{0.1}{0.0432} = 2.31$$

③ p값을 산출한다

z검정의 양측검정의 p값는 z분포의 검정 통계량 상측 확률의 2배이다(아래 그림).

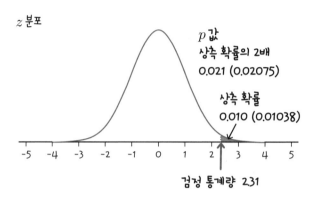

z분포

p값
상측 확률의 2배
0.021 (0.02075)

상측 확률
0.010 (0.01038)

검정 통계량 2.31

p값은 엑셀의 함수로 구할 수 있다.

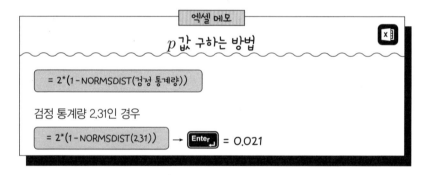

엑셀 메모

p값 구하는 방법

= 2*(1 – NORMSDIST(검정 통계량))

검정 통계량 2.31인 경우

= 2*(1 – NORMSDIST(2.31)) → Enter = 0.021

검정 통계량이 큰(작은) 경우 p값이 작아지는(커지는) 관계에 있다.

④ 유의차를 판정한다

p값 = 0.021 < 유의수준 0.05

따라서 귀무가설은 기각하고 대립가설을 채택한다.

이상에서 이 마을의 남성과 여성 간에 제품 A의 보유율이 다른 것을 알았다.

A. 다르다고 할 수 있다

45 유형 ② 대응이 있는 경우의 검정 (맥네마 검정)

사용할 수 있는 장면 ▶ ▶ ▶ 어느 마을에서 자사와 경쟁관계에 있는 회사의 제품 보유율에 차이가 있는지를 조사하고자 할 때 등

같은 대상자의 모집단 비율에 차이가 있는지를 조사할 때는 대응이 있는 검정인 맥네마 검정을 이용한다.

문제

아래 표는 어느 마을의 100명을 대상으로 제품 A와 제품 B의 보유 유무를 조사한 결과이다. 이 마을의 제품 A의 보유율과 제품 B의 보유율에 차이가 있는지를 구하시오.

응답자	제품 A	제품 B
1	○	○
2	○	×
3	○	×
4	×	○
5	○	×
6	○	×
7	○	×
⋮	⋮	⋮
99	×	×
100	×	○

○는 보유, ×는 미보유

크로스 집계 →

인수 표

		제품 B 보유	제품 B 미보유	계
제품 A	보유	20	23	43
	미보유	37	20	57
	계	57	43	100

제품 A 보유율 43%

제품 B 보유율 57%

		제품 B 보유	제품 B 미보유	계
제품 A	보유	a	b	a+b
	미보유	c	d	c+d
	계	a+c	b+d	n

맥네마 검정에서는 '제품 A의 보유 유무'와 '제품 B의 보유 유무'의 크로스 집계표에 대해 검토한다.

크로스 집계에서 b−c의 인수 차분이 클수록 제품 A의 보유율과 제품 B의 보유율 차이는 커진다.

아래의 3가지 크로스 표 중에서는 'b−c'가 최대인 케이스 1에서 보유율 차분이 30%로 최대가 된다.

이것을 토대로 검정 통계량은 $(b-c)^2 \div (b+c)$이 적용된다.

〈케이스 1〉 인수 표

		제품 B		계
		보유	미보유	
제품 A	보유	10	20	30
	미보유	50	20	70
	계	60	40	100

제품 A 보유율	30%
제품 B 보유율	60%
차분	30%
b−c	|50−20|=30

〈케이스 2〉 인수 표

		제품 B		계
		보유	미보유	
제품 A	보유	20	23	43
	미보유	37	20	57
	계	57	43	100

제품 A 보유율	43%
제품 B 보유율	57%
차분	6%
b−c	|37−23|=14

〈케이스 3〉 인수 표

		제품 B		계
		보유	미보유	
제품 A	보유	25	25	50
	미보유	25	25	50
	계	50	50	100

제품 A 보유율	50%
제품 B 보유율	50%
차분	0%
b−c	|25−25|=0

※ | | 는 절댓값 기호

① 귀무가설과 대립가설을 세우고 양측검정인지 단측검정인지를 판정한다

- 귀무가설 : 제품 A의 보유율은 남성과 여성이 같다
- 대립가설 : 제품 A의 보유율은 남성과 여성이 다르다

※ 맥네마 검정은 크로스 집계표에 관한 검정이다. 크로스 집계표에 관한 검정은 양측검정, 단측검정을 구별하지 않는다.

② 검정 통계량을 산출한다

두 항목에 대해 응답이 다른(제품 A와 제품 B의 보유 유무가 다르다) 비율을 검정한다.

$$\text{검정 통계량} = \frac{(b - c)^2}{b + c}$$

$$= \frac{(37 - 23)^2}{37 + 23}$$

$$= \frac{196}{60}$$

$$= 3.27$$

다만 셀 내의 n 수(a, b, c, d의 어느 하나)가 5 미만인 경우는 검정 통계량의 계산식은
아래와 같다.

$$\text{검정 통계량} = \frac{(|b - c| - 1)^2}{b + c}$$

| |는 절댓값
예를 들면 3과 −3의
절댓값은 3이다

③ p값을 산출한다

맥네마 검정의 검정 통계량의 확률 분포는 카이제곱 분포(χ^2 분포)가 된다(아래 그림).

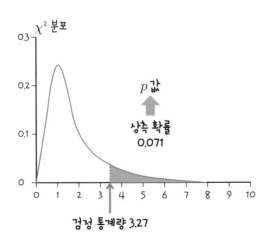

카이제곱 분포에서 검정 통계량의 상측 확률

p 값은 엑셀 함수를 사용해서 구하자.

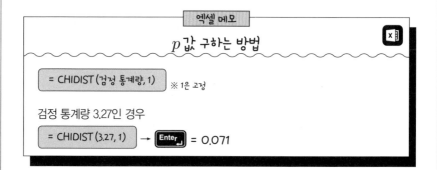

④ 유의차를 판정한다

p 값 = 0.071 < 유의수준 0.05

따라서 귀무가설은 기각할 수 없어 대립가설을 채택할 수 없다.

이상에서 이 마을의 제품 A와 제품 B의 보유율에 차이가 있다고는 할 수 없다는 것을 알았다.

A. 보유율에는 차이가 없다

2 × 2의 크로스 집계표에만 적용할 수 있는 검정이다. 실험 전후 두 집단('네, 아니오 등')의 응답 변화를 검정하는 데 적용할 수 있다

46 유형③ 종속 관계에 있는 경우의 검정 (z검정)

사용할 수 있는 장면 ▶ ▶ ▶ 어느 마을에서 자사 제품의 보유율과 미보유율에 차이가 있는지 조사하고자 할 때 등

동일 항목의 카테고리이기는 하지만 대응이 없는 두 항목에 대해 검정하고자 하는 경우에는 z검정을 이용한다.

아래의 문제를 풀면서 사용법을 살펴보자.

아래 표는 어느 마을의 100명을 대상으로 제품 A의 보유 유무를 조사한 결과이다. 제품 A의 보유율과 미보유율에 차이가 있는지를 구하시오.

응답자	제품 A
1	○
2	○
3	○
4	×
5	×
6	○
7	○
⋮	⋮
99	×
100	×

단순 집계

제품 A	인수	비율
보유	60	60%
미보유	40	40%
계	100	

제품 A	인수	비율
보유	a	p_1
미보유	b	p_2
계	$a+b$	

○는 보유, ×는 미보유

아래의 절차에 따라 검증한다.

① 귀무가설과 대립가설을 세우고 양측검정인지 단측검정인지를 판정한다

• 귀무가설 : 제품 A의 보유율은 남성과 여성이 같다
• 대립가설 : 제품 A의 보유율은 남성과 여성이 다르다
여기에서 양측검정을 적용한다.

② 검정 통계량을 산출한다

$$검정\ 통계량 = \frac{p_1 - p_2}{표준오차} = \frac{p_1 - p_2}{\sqrt{\dfrac{p_1 + p_2}{n}}}$$

$$검정\ 통계량 = \frac{0.6 - 0.4}{\sqrt{\dfrac{0.6 + 0.4}{100}}} = \frac{0.2}{\sqrt{0.01}} = 2.00$$

③ p값을 산출한다

z 검정의 양측검정의 p값은 z분포에서 검정 통계량 상측 확률의 2배이다.

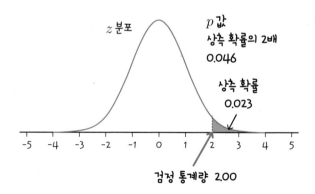

p값은 엑셀의 함수로 구할 수 있다.

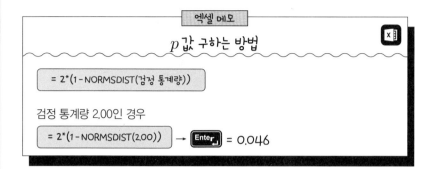

엑셀 메모

p값 구하는 방법

= 2*(1 - NORMSDIST(검정 통계량))

검정 통계량 2.00인 경우

= 2*(1 - NORMSDIST(2.00)) → **Enter** = 0.046

④ 유의차를 판정한다

p값 = 0.046 < 유의수준 0.05

따라서 귀무가설은 기각할 수 있고 대립가설을 채택할 수 있다.

이상에서 이 마을의 제품 A의 전체 보유율과 남성의 보유율은 유의한 차이가 있다고 할 수 있다.

A. 보유율과 미보유율에는 차이가 있다

5단계 평가에서 임의의 카테고리, 가령 제1 카테고리의 비율과 제5 카테고리의 비율을 비교할 수도 있다

47 유형④ 일부 종속 관계에 있는 경우의 검정 (z검정)

사용할 수 있는 장면 ▶▶▶ 어느 마을의 자사 제품의 전체 보유율과 남성의 보유율에 차이가 있는지를 조사할 때 등

대응이 없는 전체와 일부 집단을 비교하는 경우는 z검정을 사용한다.

아래의 문제를 풀면서 사용 방법을 살펴보자.

어느 특정 그룹이 전체 비율과 비교해서 차이가 있는지 어떤지를 조사하는 검정이다

문제

아래 표는 어느 마을의 100명을 대상으로 제품 A의 보유 유무와 성별을 조사한 결과이다. 이 마을의 제품 A의 전체 보유율과 남성의 보유율에 차이가 있는지를 구하시오.

응답자	제품 A	성별
1	○	남성
2	○	남성
3	○	남성
4	×	남성
5	×	남성
6	○	여성
7	○	여성
⋮	⋮	⋮
99	×	여성
100	×	여성

○는 보유, ×는 미보유

크로스 집계 ➡

상단 n / 하단 가로 %		제품 A		계
		보유	미보유	
성별	남성	30	20	50
		60%	40%	100%
	여성	20	30	50
		40%	60%	100%
전체		50	50	100
		50%	50%	100%

		제품 A		계
		보유	미보유	
성별	남성	a	b	$n_1 = a + b$
	여성	c	d	$n_2 = c + b$
전체		$a+c$	$b+d$	n

전체의 비율 $\quad p = (a+c) \div n$
남성의 보유율 $\quad p_1 = a \div n_1$

아래의 절차에 따라 검증한다.

① 귀무가설과 대립가설을 세우고 양측검정인지 단측검정인지를
  판정한다

- 귀무가설 : 제품 A의 전체 보유율과 남성의 보유율은 같다
- 대립가설 : 제품 A의 전체 보유율과 남성의 보유율은 다르다
여기에서 양측검정을 적용한다.

② 검정 통계량을 산출한다

$$검정\ 통계량값 = \frac{p - p_1}{표준오차} = \frac{p - p_1}{\sqrt{p(1-p)\dfrac{n - n_1}{n \times n_1}}}$$

이상에서,

$$검정\ 통계량값 = \frac{0.5 - 0.6}{\sqrt{0.5 \times (1 - 0.5) \times \dfrac{100 - 50}{100 \times 50}}}$$

$$= \frac{-0.1}{\sqrt{0.25 \times 0.01}} = \frac{-0.1}{0.05}$$

$$= -2.00$$

마이너스 값은 플러스 값으로 변환하므로 2.00.

제품 A를 사서 좋았어?
물론

③ p값을 산출

z검정의 양측검정의 p값은 z분포에서 검정 통계량 상측 확률의 2배이다.

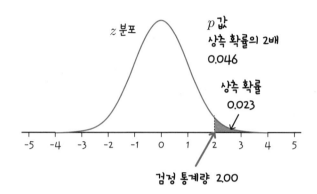

p값은 엑셀의 함수로 구하자.

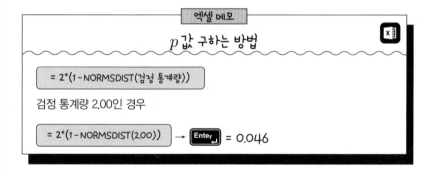

④ 유의차를 판정한다

p값 = 0.046 < 유의수준 0.05

따라서 귀무가설은 기각할 수 있어 대립가설을 채택할 수 있다.

이상에서 이 마을의 제품 A의 전체 보유율과 남성 보유율은 유의한 차이가 있다고 할 수 있다.

A. 전체의 보유율과 남성의 보유율에 차이가 있다

상관에 관한 검정

단순상관계수의 무상관검정이 나설 차례다!

단순상관계수의 무상관검정

【단순상관계수의 무상관검정】

▶▶▶ 모집단의 상관관계를 조사하는 검정 수법

사용할 수 있는 장면 ▶▶▶▶▶▶ 일부 사원의 데이터에서 전 사원의 근무 시간과 실적 간에 관련성이 있는지를 조사할 때 등

p.57에서 단순상관계수에 대해 살펴봤는데, 조사한 데이터에서 상관관계가 있다고 판단해도 모집단에서 상관관계가 성립하는지 어떤지는 알 수 없다.

여기서는 모집단의 상관(모상관계수)이 무상관인지 아닌지(상관계수가 0인지 어떤지)를 조사하는 검정 방법을 소개한다.

문제

어느 학교에서 52명을 무작위로 뽑아서 학습 시간과 시험 성적의 단순상관계수를 산출했다. 단순상관계수는 0.30이었다. 학습 시간은 시험의 성적에 영향을 미치는 요인이라고 할 수 있는가.

해답

아래의 절차에 따라 검증한다.

① 귀무가설과 대립가설을 세우고 양측검정인지 단측검정인지를 판정한다

- 귀무가설 : 학습 시간과 시험 성적은 무상관이다(학습 시간과 시험 성적의 상관은 0이다)
- 대립가설 : 학습 시간과 시험 성적은 무상관이 아니다(학습 시간과 시험 성적의 상관은 0이 아니다)

무상관검정은 양측검정뿐이다.

② 검정 통계량을 산출한다

$$검정\ 통계량 = r\sqrt{\frac{n-2}{1-r^2}}$$

※ r : 표본단순상관계수, n : 샘플 사이즈

이상의 식에 수치를 대입하면,

$$검정\ 통계량 = 0.3 \times \sqrt{\frac{52-2}{1-(0.3)^2}}$$

$$= 0.3 \times \sqrt{\frac{50}{0.91}}$$

$$= 0.3 \times 7.41$$

$$= 2.22$$

③ p값을 산출한다

무상관검정의 양측검정의 p값은 t 분포에서 검정 통계량 상측확률의 2배이다.

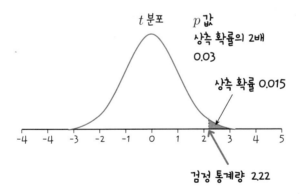

t 분포의 p값은 아래의 엑셀의 함수로 구할 수 있다.

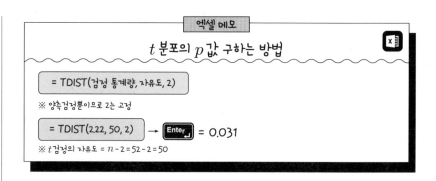

t 분포의 p 값 구하는 방법

= TDIST(검정 통계량, 자유도, 2)

※ 양측검정뿐이므로 2는 고정

= TDIST(2.22, 50, 2) → Enter = 0.031

※ t 검정의 자유도 = $n - 2 = 52 - 2 = 50$

④ 유의차를 판정한다

p 값 = 0.031 < 유의수준 0.05

따라서 귀무가설은 기각하고 대립가설을 채택한다.

이상에서 학습 시간과 시험의 성적은 무상관이 아니라고 할 수 있다(학습 시간과 시험의 성적 상관은 0은 아니라고 할 수 있다).

A. 영향을 미치는 요인이라고 할 수 있다

고양이에게 시험은 없어냥

49 크로스 집계표의 카이제곱 검정

【크로스 집계표의 카이제곱 검정】

▶▶▶ 모집단의 크라메르 관련계수가 무상관인지 아닌지를 알아 보는 검정법

사용할 수 있는 장면 ▶▶▶▶▶▶ 성별과 좋아하는 프로 야구 팀 사이에 관련성이 있는지를 조사할 때 등

p.64, p.71에서 크로스 집계와 크라메르 관련계수에 대해 배웠다.

여기서는 모집단의 크라메르 관련계수가 무상관인지 아닌지(상관이 0인지 아닌지)를 조사하는 검정 방법을 설명한다.

문제

아래의 크로스 집계표는 유권자의 소득 수준과 지지 정당의 관계를 조사한 것이다.

이 크로스 집계표에서 크라메르 관련계수를 구하시오. 또한 소득 수준과 정당 지지율 은 관련성이 있는지를 구하시오.

n표

	A정당	B정당	가로 합계
고소득자	30	10	4
중소득자	20	10	30
저소득자	10	20	30
세로 합계	60	40	100

%표

	A정당	B정당	가로 합계
고소득자	75.0%	25.0%	100.0%
중소득자	66.7%	33.3%	100.0%
저소득자	33.3%	66.7%	100.0%
세로 합계	60.0%	40.0%	100.0%

아래의 절차에 따라 검증한다.

① 귀무가설과 대립가설을 세우고 양측검정인지 단측검정인지를 판정한다

- 귀무가설 : 소득 수준과 정당 지지율은 무상관이다(소득 수준과 정당 지지율의 상관은 0이다)
- 대립가설 : 소득 수준과 정당 지지율은 무상관이 아니다(소득 수준과 정당 지지율의 상관은 0이 아니다)

※ 카이제곱 검정은 크로스 집계표에 관한 검정이다. 크로스 집계표에 관한 검정은 양측검정, 단측검정을 구분하지 않는다.

② 검정 통계량을 산출한다

아래의 계산식을 사용해서 검정 통계량(카이제곱값)을 구한다.

$$\text{검정 통계량} = \Sigma \frac{(\text{실측값} - \text{기대도수})^2}{\text{기대도수}}$$

> 카이제곱값은 크라메르 관련계수를 구할 때 사용한다. 위 식은 실측값과 기대도수를 사용한 카이제곱값을 구하는 방법이다.

카이제곱값은 아래의 엑셀 함수를 사용하면 간단하게 구할 수 있다.

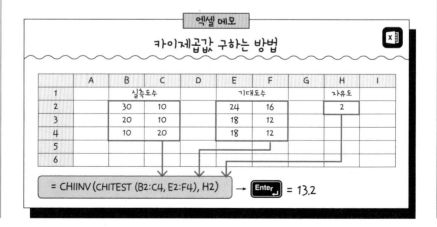

엑셀 메모

카이제곱값 구하는 방법

	A	B	C	D	E	F	G	H	I
1		실측도수			기대도수			자유도	
2		30	10		24	16		2	
3		20	10		18	12			
4		10	20		18	12			
5									
6									

= CHIINV (CHITEST (B2:C4, E2:F4), H2) → **Enter** = 13.2

③ p값을 산출한다

카이제곱 검정의 p값은 카이제곱분포의 검정 통계량의 상측 확률이다.

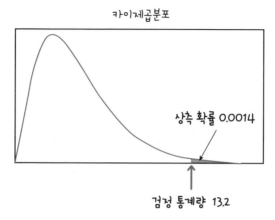

카이제곱분포의 p값은 아래의 엑셀의 함수로 구할 수 있다.

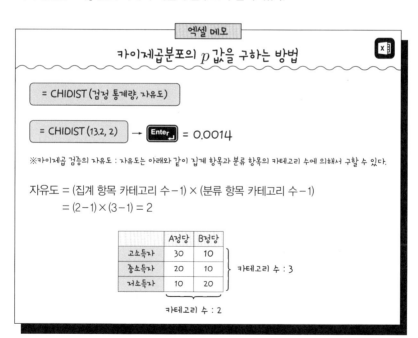

④ 유의차를 판정한다

p값 = 0.0014 < 유의수준 0.05

따라서 귀무가설은 기각하고 대립가설을 채택한다.

이상에서 소득 수준과 정당 지지율은 무상관은 아니라고 할 수 있다(소득 수준과 정당 지지율의 상관은 0은 아니라고 할 수 있다).

A. 관련성이 있다

다중회귀분석

여러 데이터의 관련성을 조사한다

통계는 비즈니스의 최강 툴

50 Multiple regression analysis
다중회귀분석

【다다중회귀분석】 ▶ ▶ ▶ ▶ 목적변수와 설명변수의 관계를 식으로 나타내고 목적변수를 예측
하는 해석 수법

사용할 수 있는 장면 ▶ ▶ ▶ 어느 제품의 매출을 광고비와 매장 면적, 점원 수 등에서 예측할 때 등

구체적인 예를 들어 다중회귀분석의 사용법을 살펴보자.

구체 예

아래 표는 어느 할인 매장의 보조식품 X의 연간 매출액과 광고비, 점원 수를 나타낸 것
이다.

이 표를 보면 투입 광고비와 점원 수가 많은 매장은 보조식품 X의 매출도 크고 투입량
이 적은 매장은 매출이 작은 것을 알 수 있다.

이 경향을 토대로 새롭게 출점할 예정인 매장 G의 광고비를 1,300만 원, 점원 수를 14
명으로 했을 때 매출액이 어느 정도인지를 예측해보자.

매장명	보조식품 X의 매출액(천만 원)	광고비(만 원)	점원 수(명)
A	8	500	6
B	9	500	8
C	13	700	10
D	11	400	13
E	14	800	11
F	17	1,200	13
G	?	1,300	14

이 문제를 해결해주는 것이 다중회귀분석이다.

예측하고자 하는 변수인 보조식품 X의 매출액을 목적변수(종속변수), 목적변수에 영향
을 미치는 변수인 광고비와 점원 수를 설명변수(독립변수)라고 한다.

다중회귀분석에서 적용할 수 있는 데이터는 목적변수, 설명변수 모두 수량 데이터이며 다중회귀분석에서는 목적변수와 설명변수의 관계를 관계식으로 나타낸다.
다중회귀분석의 관계식을 다중회귀식이라고 한다(모델식이라고도 한다).

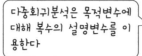

다중회귀분석은 목적변수에 대해 복수의 설명변수를 이용한다

이 예의 다중회귀식은 다음과 같다.

$$매출액 = 0.00786 \times 광고비 + 0.539 \times 점원 수 + 1.148$$

다중회귀분석은 이 다중회귀식을 이용해서 다음의 사안을 밝히는 해석 방법이다.

다중회귀분석으로 할 수 있는 것

- 예측값 산출
- 관계식에 이용한 설명변수의 목적변수에 대한 영향도

관계식의 계수를 구하는 방법

다중회귀식의 계수를 회귀계수라고 한다. 우선 회귀계수가 어떤 개념으로 구해지는지를 설명한다.

회귀계수의 산출 방법을 해설하기 전에 다음 문제를 생각해보자.

문 제

매장 A의 보조식품 X의 매출이 8,000만 원이 되도록 다음 식의 □□□에 들어갈 수치를 구하시오.

매장 A의 매출액   매장 A의 광고비   매장 A의 점원 수
↓   ↓   ↓
8(천만 원) = [(a)] × 500(만 원) + [(b)] × 6(명) + [(c)]

대답은 몇 가지나 있다. 예를 들면 a=0.005, b=0.3, c=3.7이라고 하면
$8 = \boxed{0.005} \times 500 + \boxed{0.3} \times 6 + \boxed{3.7}$ 이 성립한다.

A. a : 0.005, b : 0.3, c : 3.7 등 다수

그러면 이어서 다음 문제를 생각해보자.

문제

앞서 말한 문제의 정답은 매장 A의 보조식품 X의 매출에 대해서만 좌변(실제의 매장 A
의 매출)과 우변이 같다. 매장 B~F의 모든 보조식품 X의 매출에 대해 좌변과 우변이
같아지는 $\boxed{(a)}$, $\boxed{(b)}$, $\boxed{(c)}$ 를 구하시오.

정답

우선 앞서 말한 문제와 마찬가지로 a=0.005, b=0.3, c=3.7을 대입해본다.

매장	좌변 실적값	우변	차분	일치
A	8	$0.005 \times 500 + 0.3 \times 6 + 3.7 = 8.0$	0.0	○
B	9	$0.005 \times 500 + 0.3 \times 8 + 3.7 = 8.6$	0.4	○
C	13	$0.005 \times 700 + 0.3 \times 10 + 3.7 = 10.2$	2.8	×
D	11	$0.005 \times 400 + 0.3 \times 13 + 3.7 = 9.6$	1.4	×
E	14	$0.005 \times 800 + 0.3 \times 11 + 3.7 = 11.0$	2.0	×
F	17	$0.005 \times 1,200 + 0.3 \times 13 + 3.7 = 13.6$	3.4	×

좌변(매출액)에서 우변을 뺀 차분에서 일치도를 보면 매장 A와 매장 B는 거의 일치하
지만, 다른 매장의 차분이 1.0 이상이나 되어 일치하지 않는다.
유감스럽게 이 대답은 정답이 아니다.
표에서 보듯이 수계산으로 이 문제를 푸는 것은 곤란하다. 이 문제를 해결할 수 있는
방법이 다중회귀분석이다.

다중회귀분석으로 도출한 다중회귀식에 광고비와 판매 인수(원인이 되는 변수)를 대입해보자.

구해진 값(좌변)과 매출액(우변)의 차분을 조사해본다.

$$매출액 = 0.00786 × 광고비 + 0.539 × 판매 \ 인수 + 1.148$$

매장	좌변 실적값	우변	차분	일치
A	8	0.00786 × 500 + 0.539 × 6 + 1.148 = 8.3	0.3	○
B	9	0.00786 × 500 + 0.539 × 8 + 1.148 = 9.4	0.4	○
C	13	0.00786 × 700 + 0.539 × 10 + 1.148 = 12.0	1.0	×
D	11	0.00786 × 400 + 0.539 × 13 + 1.148 = 11.3	0.3	○
E	14	0.00786 × 800 + 0.539 × 11 + 1.148 = 13.4	0.6	○
F	17	0.00786 × 1,200 + 0.539 × 13 + 1.148 = 17.6	0.6	○

※ 차분 : 좌변에서 우변을 뺀 절댓값(마이너스를 플러스로 한 값)
※ 일치 : 차분 1.0 미만 : ○, 1.0 이상 × (1.0 미만을 '일치'라고 생각했다)

좌변과 우변이 딱 일치하지는 않지만 모든 매장이 거의 같은 값이다. 다중회귀분석에서는 좌변의 매출액을 실적값, 우변의 계산값을 이론값이라고 한다. 다중회귀분석은 실적값과 이론값이 가능한 한 가까워지도록 다중회귀식의 계수를 찾아내는 해석 수법이다.

새롭게 출점할 예정인 매장 G의 광고비를 1,300만 원, 점원 수를 14명으로 했을 때의 매출액을 예측해보자.

$$매장 \ G의 \ 매출액 = 0.00786 × 1300 + 0.539 × 14 + 1.148$$
$$= 10.218 + 7.546 + 1.148$$
$$= 18.912$$

새롭게 출점할 예정인 매장 G의 매출액 예측값은 약 19(천만 원)이다.

A. a : 0.0786, b : 0.539, c : 1.148

회귀계수(Regression coefficient)

회귀계수(편회귀계수)는 실적값과 이론값을 가능한 한 가깝게 하기 위한 값이다.

그런데 회귀계수의 역할은 그뿐 아니라 각 설명변수의 목적변수에 미치는 영향도도 도출해준다. 다른 설명변수가 일정하다는 조건하에서 각 설명변수가 '1' 변화했을 때 목적변수가 얼마나 변화하는지를 나타내는 값이기도 하다.

회귀계수를 해석한다

회귀계수에는 데이터 단위가 있고 목적변수의 데이터 단위와 같아진다.

p.204이 '할인 매장의 보조식품 X의 매출 사례'의 다중회귀식은 다음과 같이 나타낼 수 있다.

$$매출액 = 0.00786 \times 광고비 + 0.539 \times 점원 수 + 1.148$$

이 1.148을 상수항이라고 한다.

회귀계수는 매출액의 데이터 단위가 1,000만 원이므로 회귀계수는 다음과 같다.

- 광고비의 회귀계수 : 0.00786(천만 원) → 7.86만 원
- 점원 수의 회귀계수 : 0.539(천만 원) → 539만 원
- 상수항 : 1.148(천만 원) → 1,148만 원

광고비의 데이터 단위는 1만 원, 점원 수의 데이터 단위는 1이었다.

다시 말해 위의 회귀계수에서 광고비를 1만 원 사용하면 매출액이 7.86만 원, 점원 수 한 명을 투입하면 매출액이 539만 원 오른다는 것을 알 수 있다.

이처럼 회귀계수에서 '설명변수의 목적변수에 대한 영향도'를 알 수 있다.

한편 영향도란 설명변수의 데이터당 매출액을 말한다. 또한 상수항의 1,148만 원은 광고비를 0, 점원 수를 0으로 했을 때의 매출액이다.

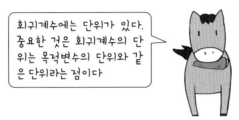

	매출액	광고비	점원 수	상수액
	↓	↓	↓	↓
관계식	y =	0.00786x₁	+ 0.539x₂	+ 1.148
	↓	↓	↓	↓
단위	천만 원	1만 원	1인	
		0.00786 천만 원	0.539 천만 원	1.148 천만 원
영향도		7.86만 원	539만 원	1.148만 원

> 회귀계수에는 단위가 있다. 중요한 것은 회귀계수의 단위는 목적변수의 단위와 같은 단위라는 점이다

표준회귀계수(Standard regression coefficient)

설명변수(요인)의 중요도는 회귀계수의 크기와 같지는 않다. 왜냐하면 설명변수별 단위는 원래 다른 변수와 다르기 때문이다. 따라서 이 단위의 차이를 제거한 후에 다중회귀분석을 이용해 얻어진 회귀계수가 중요도를 판정하는 기준이 된다.

이 회귀계수를 표준회귀계수라고 하며 다중회귀식에서 설명변수의 중요도를 나타내는 지표가 된다.

아래 표는 p.204의 드래그스토어의 보조식품 X의 매출 사례를 나타낸 다중회귀식이다.

광고비 단위는 '1만 원'의 다중회귀식

매장	매출액	광고비	점원 수
A	8	500	6
B	9	500	8
C	13	700	10
D	11	400	13
E	14	800	11
F	17	1,200	13
G	?	1,300	14
단위	천만 원	만 원	명

매출액 = 0.00786 × 광고비 + 0.539 × 점원 수 + 1.148

이 회귀계수의 값은 점원 수가 광고비보다 크므로 '매출액을 높이는 데 중요한 요인은 점원 수이다'는 것은 불가능하다.

그 이유는 다음에서 확인해보자.

아래 표는 할인 매장의 보조식품 X의 매출 사례에서 매출액과 점원 수의 데이터 단위는 그대로이다. 광고비의 데이터 단위를 '만 원'에서 '백만 원'으로 해서 다중회귀분석을 한 결과를 아래에 나타낸다.

광고비 단위를 '백만 원'으로 변경한 다중회귀식

매장	매출액	광고비	점원 수
A	8	5	6
B	9	5	8
C	13	7	10
D	11	4	13
E	14	8	11
F	17	12	13
G	?	13	14
단위	천만 원	백만 원	명

매출액 = 0.786 × 광고비 + 0.539 × 점원 수 + 1.148

두 경우 모두 광고비의 데이터 단위 표기를 바꾸었을 뿐인데 광고비의 회귀계수는 다른 값이 됐다. 이 점에서 설명변수 간의 회귀계수를 비교하여 값의 대소로 중요도를 볼 수는 없다고 할 수 있다.

회귀계수는 설명변수의 매출 영향도를 파악할 수 있지만 설명변수 간의 중요도 비교에는 적용할 수 없다.

위의 두 경우에 대해 광고비의 매출에 대한 영향도를 조사한다.

- 광고비의 데이터 단위가 1만 원일 때 전망되는 매출액은 7.86만 원(0.00786천만 원)
- 광고비의 데이터 단위가 100만 원일 때 전망되는 매출액은 786만 원(0.786천만 원)

'데이터 단위 1만 원 → 매출 영향도 7.86만 원'과 '데이터 단위 백만 원 → 매출액 영향도 786만 원'은 같은 의미이고 데이터 단위 표기를 바꾸어도 매출에 대한 영향도는 같다.

표준회귀계수로 중요도를 파악한다

설명변수의 데이터 단위를 취급하는 방법에 따라서 회귀계수의 값은 바뀌므로 회귀계수의 대소를 비교해도 어느 설명변수가 중요한지를 밝히는 것은 불가능하다. 데이터 단위가 같다면 계수를 큰 순으로 나열했을 때 큰 설명변수일수록 중요하다고 할 수 있다.

따라서 각 설명변수의 데이터 단위가 다르면 데이터 단위를 같게 해도 다중회귀분석을 해서 회귀계수를 구하면 된다.

표준값 혹은 편찻값에 따라서 데이터 단위를 갖출 수 있다. p.204의 '할인 매장의 보조식품 X의 매출 사례'에서 데이터의 표준값과 편찻값을 구해보자.

보조식품 X의 매출 사례 데이터의 표준값과 편찻값

매장	데이터			표준값			편찻값		
	매출액	광고비	검원 수	매출액	광고비	검원 수	매출액	광고비	검원 수
A	8	500	6	-1.20	-0.63	-1.50	38.0	43.7	35.0
B	9	500	8	-0.90	-0.63	-0.78	41.0	43.7	42.2
C	13	700	10	0.30	0.06	-0.06	53.0	50.6	49.4
D	11	400	13	-0.30	-0.97	1.02	47.0	40.3	60.2
E	14	800	11	0.60	0.40	0.30	56.0	54.0	53.0
F	17	1,200	13	1.49	1.77	1.02	64.9	67.7	60.2
평균	12.0	683.3	10.2						
표준편차	3.3	292.7	2.8						

표준값의 데이터를 토대로 다중회귀분석을 한 결과 아래의 식이 얻어졌다.

$$표준값 = \frac{데이터 - 데이터\ 평균}{표준편차}$$

$$편찻값 = 10 \times 표준값 + 50$$

표준편차의 분모 : $n-1$

$$매출액 = 0.687 \times 광고비 + 0.449 \times 점원\ 수 + 0.000$$

표준값에 의한 다중회귀분석에서는 상수항은 0이 된다. 다중회귀분석을 편찻값으로 해도 회귀계수는 표준값으로 구한 값과 같아진다. 이렇게 해서 구한 표준회귀계수에서 설명변수 간의 상대적인 중요도를 비교할 수 있게 됐다.

매출액의 관계(영향도)에서 구체적으로는 매출을 올리기 위한 요인 또는 매출을 예측하기 위한 요인으로 광고비가 사원 수보다 중요하다고 할 수 있다.

한편 표준회귀계수는 다음 식에 의해서 구할 수 있다.

$$\beta_1 = a_1 \sqrt{\frac{S_{11}}{S_{yy}}}$$

$$\beta_2 = a_2 \sqrt{\frac{S_{22}}{S_{yy}}}$$

※ β는 표준회귀계수, a는 회귀계수,

S_{yy}, S_{11}, S_{22}은 편차제곱합

※ 보충 설명

$(y - \bar{y})^2 \rightarrow S_{yy}$

$(x_1 - \bar{x}_1)^2 \rightarrow S_{11}$

$(x_2 - \bar{x}_2)^2 \rightarrow S_{22}$

※ y는 목적변수

x_1, x_2는 설명변수

할인 매장의 보조식품 X의 매출 사례의 표준회귀계수는 아래와 같다.

$$\beta_1 = 0.00786 \times \sqrt{428{,}333 \div 56} = 0.687$$

$$\beta_2 = 0.539 \times \sqrt{38.8 \div 56} = 0.449$$

표준회귀계수를 보면 어느 설명 변수가 중요한 요인인지 알 수 있다

아카이케 정보 기준(AIC)에 관한 유의사항

아카이케 정보 기준(AIC)은 모델의 적용도를 나타내는 통계량이다. 값이 작을수록 적합성이 좋다고 여겨지지만 상대적인 평가로 이용되기 때문에 '통계학적으로 몇 개 이하가 바람직하다'라는 기준은 없다.

AIC를 구하는 식을 아래에 나타낸다.

계산식

$$AIC = n\left(\log\left(2\pi\frac{S_e}{n}\right) + 1\right) + 2(p+2)$$

※ n : 샘플 사이즈, p : 설명변수의 개수, S_e : 잔차제곱합, $\log$: 자연로그
  π : 3.14…
※ 잔차제곱합은 실적값과 다중회귀분석으로 이론값의 차의 제곱을 합계한 값이다.

식에서 알 수 있듯이 **설명변수의 개수가 작고 S_e가 작을수록 AIC는 작아진다.**

데이터와 모델의 적합도뿐 아니라 설명변수의 개수도 모델의 좋고 나쁨을 판정하는 기준에 포함되어 있다.

때문에 설명변수의 개수가 비교적 많지 않고 또한 데이터와 합치하는 모델을 선택하는 기준이 되고 있다.

AIC가 최소인 다중회귀식이 최선이다

51 | 월차 시계열 분석 계절변동지수(S)

Seasonal variation

【계절변동지수】 ▶ ▶ ▶ ▶ ▶ 시계열 분석에서 계절에 따른 매출 변동의 데이터 등을 이용해서
데이터가 가진 변동 경향을 나타낸 것

사용할 수 있는 장면 ▶ ▶ ▶ 월별 판매 계획·구입 계획에 활용하고자 할 때 등

　매출, 주가, 인구 등 수량으로 측정된 대상의 월차 시계열 데이터를 분석하고 장래 예측을 하는 방법을 월차 시계열 분석이라고 한다.

　시계열 데이터는 시간의 경과에 수반하는 데이터의 변동(변화)을 측정한 것이다. 시계열 데이터의 예측은 예측 대상의 시간적 경향(변화)과 계절성을 고려하여 예측 대상에 영향을 미치는 요인과의 관계식을 작성한다. 관계식에 장래의 경향, 계절성, 영향 요인의 값을 입력해서 예측값를 산출한다. 아래의 문제에서는 매출의 예측을 다루겠지만 주가, 인구 등 다른 예측 대상에도 여기서 설명하는 예측 방법을 적용할 수 있다

계절성이란 연간을 통한 제품의 판매 동향이 호조/불호조를 띠는 주기를 말한다

　계절성의 변동을 **계절변동**이라고 한다. 계절변동은 기후적 요인이나 사회 행사(추석, 정월 등) 등의 관습적 요인에 의해서 생기지만 변동 자체는 어느 일정한 주기로 매년 일어난다.

　2년(24개월) 이상의 데이터가 있으면 계절성을 파악할 수 있다. 2년 미만의 데이터도 계절성은 있지만 통계학적 처리에서는 기간이 짧아 계절성을 파악할 수 없다.

　계절성을 계수적으로 파악한 것을 **계절변동지수**라고 하며 S로 나타낸다. S는 월별 평균법이라는 해석 수법으로 구할 수 있다.

　월별 평균법은 시계열 데이터의 계절성을 조사하는 해석 수법으로 S를 산출한다. 월차 데이터와 사분기 데이터에 적용할 수 있다. 월차 데이터의 월수는 24개월 이상, 사분기 데이터의 기수는 8기 이상이다.

아래의 데이터는 어느 신제품 X의 1년째부터 3년째까지의 매출과 각 월의 3개년 평균 매출이다. 이 데이터에 대해 계절변동지수(S)를 구하시오.

월	1년째	2년째	3년째	3개년 평균
1월	13	44	31	29.3
2월	19	59	44	40.7
3월	25	63	81	56.3
4월	20	43	54	39.0
5월	18	36	41	31.7
6월	31	39	51	40.3
7월	25	36	47	36.0
8월	17	23	34	24.7
9월	28	32	42	34.0
10월	40	34	47	40.3
11월	43	30	44	39.0
12월	49	27	38	38.0

이 데이터에서 제시하고 있는 12개의 3개년 평균을 합해서 12로 나눈다. 이 값을 전체 평균이라고 부르기로 한다.
월별로 3개년 평균을 전체 평균으로 나눈 값이 계절변동지수(S)이다.

월	3개년 평균	계절변동지수 S
1월	29.3	0.78
2월	40.7	1.09
3월	56.3	1.50
4월	39.0	1.04
5월	31.7	0.85
6월	40.3	1.08
7월	36.0	0.96
8월	24.7	0.66
9월	34.0	0.91
10월	40.3	1.08
11월	39.0	1.04
12월	38.0	1.01
합계	449.3	
전체 평균	37.4	

A. 왼쪽 표와 같다

목표와 예산의 설정에 필수인 계절변동지수

S가 1을 웃돌면 팔리는 달, 1일 밑돌면 팔리지 않는 달이라고 판단한다. 앞서 말한 문제의 경우 3월에 팔리고, 8월에 팔리지 않는다고 할 수 있다.

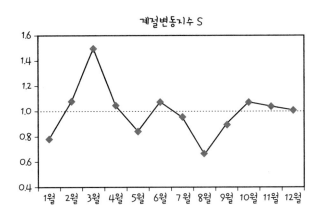

계절변동지수 S

많은 제품과 서비스는 계절과 시기에 따라서 매출이 변화한다. 따라서 목표와 예산을 설정할 때 계절과 시기를 무시하는 것은 불가능하다. 오히려 각 계절과 시기를 고려해서 상세한 목표와 예산을 설정하는 것이 필요할 것이다.

앞서 말한 문제의 경우, 가령 매월 DM을 보낼 때도 3월은 예산을 줄이고 8월은 반대로 늘리는 전략도 세울 수 있는 것이다.

계절변동지수(S)가 0.8~1.2를 넘으면 계절변동이 크다고 판단한다

월차 시계열 분석 Trend 경향변동(T)

【경향변동】 ▶▶▶▶▶▶▶ 시계열 데이터에서 시간의 경과와 함께 증가 또는 감소하는 움직임
의 경향

사용할 수 있는 장면 ▶▶▶ 업계 전체의 성장 경향을 알고 싶을 때

시계열 데이터에는 시간의 경과와 함께 증가 또는 감소하는 움직임이 보인다. 이 경향을 **경향변동(T)**이라고 한다. 인구 증가와 GDP 증가 등 세세한 변화가 아니라 큰 경향을 파악할 때 보는 요소이다.

시계열 데이터에서 예측을 세우려면 예측 대상의 시간적 경향(변화)과 계절성을 고려하고 예측 대상에 영향을 미치는 요인과의 관계식을 작성할 필요가 있다.

아래에 매출 데이터의 시간적 경향을 조사하는 문제에서 사용하는 방법을 살펴보자.

문 제

하기는 신상품 X의 1년째부터 3년째까지의 매출과 각 월의 3개년 평균 매출이다. 매출은 변동해서 추이하고 있지만 경향을 보면 완만한 증가 경향이 있는 것을 알 수 있다. 증가 경향에 대해 매끄러운 하나의 경향선을 구하시오.

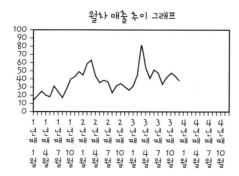

월차 매출 추이 그래프

월	1년째	2년째	3년째
1월	13	44	31
2월	19	59	44
3월	25	63	81
4월	20	43	54
5월	18	36	41
6월	31	39	51
7월	25	36	47
8월	17	23	34
9월	28	32	42
10월	40	34	47
11월	43	30	44
12월	49	27	38

경향선의 적용은 회귀분석으로 수행할 수 있다. 곡선을 적용하는 방법을 곡선회귀분석이라고 한다.

곡선회귀분석을 수행한 결과는 아래 표와 같다.

경향선을 트렌드(T)라고 한다

월차	매출	경향선	월차	매출	경향선
1년째 1월	13	12.3	3년째 1월	31	42.7
1년째 2월	19	18.9	3년째 2월	44	43.1
1년째 3월	25	22.7	3년째 3월	81	43.5
1년째 4월	20	25.4	3년째 4월	54	43.8
1년째 5월	18	27.5	3년째 5월	41	44.1
1년째 6월	31	29.3	3년째 6월	51	44.5
1년째 7월	25	30.7	3년째 7월	47	44.8
1년째 8월	17	32.0	3년째 8월	34	45.1
1년째 9월	28	33.1	3년째 9월	42	45.4
1년째 10월	40	34.1	3년째 10월	47	45.6
1년째 11월	43	35.0	3년째 11월	44	45.9
1년째 12월	49	35.8	3년째 12월	38	46.2
2년째 1월	44	36.6	4년째 1월		46.4
2년째 2월	59	37.3	4년째 2월		46.7
2년째 3월	63	37.9	4년째 3월		46.9
2년째 4월	43	38.5	4년째 4월		47.2
2년째 5월	36	39.1	4년째 5월		47.4
2년째 6월	39	39.6	4년째 6월		47.6
2년째 7월	36	40.1	4년째 7월		47.9
2년째 8월	23	40.6	4년째 8월		48.1
2년째 9월	32	41.1	4년째 9월		48.3
2년째 10월	34	41.5	4년째 10월		48.5
2년째 11월	30	41.9	4년째 11월		48.7
2년째 12월	27	42.3	4년째 12월		48.9

표를 토대로 아래 그림의 경향선을 그릴 수 있다.

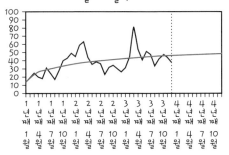

월차 매출 추이 그래프

A. 왼쪽 그림과 같다

12

다중회귀분석

이 경향선은 다음의 자연로그 회귀식으로 나타낼 수 있다.

$$y = a \log{(x)} + b$$

※ log는 자연대수

매출의 경향선 = 9.477log (x) + 12.32

1년째 1월 : x = 1, 1년째 2월 = 2……, 3년째 12월 : x = 36으로 해서 x를 위의 식에 대입하면 매출 경향선의 월별 값을 구할 수 있다.

3년째 12월 : x = 36에서

매출 경향선 = 9.447log (36) + 12.32
　　　　　　= 9.447 × 3.5835 + 12.32 = 46.2

log(36)은 엑셀의 함수로 계산할 수 있다.

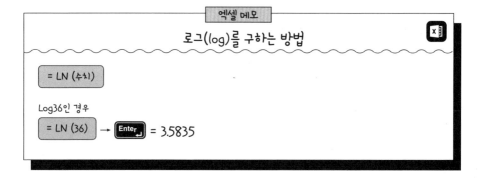

경향선을 구하는 관계식은 아래와 같이 여러 가지가 있다.

경향선을 구하는 관계식

① 직선방정식 $y = ax + b$

② 루트방정식 $y = a\sqrt{x} + b$

③ 자연로그방정식 $y = a\log x + b$

④ 분산방정식 $y = a\dfrac{1}{x} + b$

⑤ 거듭제곱방정식 $y = ax^{b}$

⑥ 지수방정식 $y = ab^{x}$

⑦ 수정지수방정식 $y = K - ab^{x}$

⑧ 로지스틱스방정식 $y = \dfrac{K}{1 + ae^{-bx}}$

⑨ 곰페르츠곡선방정식 $y = Ka^{bx}$

a와 b는 계수 또는 상수항, K는 상한값, e는 $e = 2.71828\cdots$이라는 상수를 나타낸다. log는 자연로그를 말한다

자연로그방정식 구하는 방법

아래의 데이터를 이용해서 자연로그방정식 $a\log x + b$을 구해본다.

	1월	2월	3월	4월	5월
매출	13	19	25	20	18
경향선	12.3	18.9	22.7	25.4	27.5

자연로그방정식의 계산표를 아래에 나타낸다.

	① y	x	② $\log(x)$	③ $y-y$의 평균	④ ②-②의 평균	⑤ ③의 제곱	⑥ ④의 제곱	⑦ ③×④
1월	13	1	0.0000	-6	-0.9575	36	0.9168	5.7450
2월	19	2	0.6931	0	-0.2644	0	0.0699	0.0000
3월	25	3	1.0986	6	0.1411	36	0.0199	0.8467
4월	20	4	1.3863	1	0.4288	1	0.1839	0.4288
5월	18	5	1.6094	-1	0.6519	1	0.4250	-0.6519
계	95		4.7875			74	1.6155	6.3685
평균	19		0.9575			⑧ S_{yy}	⑨ S_{xx}	⑩ S_{xy}

$$a = \frac{⑩}{⑨} = \frac{6.3685}{1.6155} = 3.9422$$

$b = y$의 평균 $- a \times (\log(x))$의 평균

$= 19 - 3.9422 \times 0.9575$

$= 15.2254$

자연로그방정식은 아래와 같이 구할 수 있다.

$y = 3.9422 \log x + 15.2254$

S와 T의 다중회귀 월차 데이터 매출 예측

다중회귀분석을 이용해서 예측 모델식을 만들고 매출을 예측한다. 다중회귀분석의 목적변수는 매출, 설명변수는 트렌드(T)(경향선), 계절변동지수(S)라고 하자.

문제

아래는 앞에서 산출한 T와 S, 그리고 매출 데이터이다. S는 매년 같은 값이라고 하자.
다중회귀분석을 이용하여 4년째 1월부터 12월까지의 매출 예측값을 구하시오.

연월	매출	T	S	연월	매출	T	S
1년째 1월	13	12.3	0.8	3년째 1월	31	42.7	0.8
1년째 2월	19	18.9	1.1	3년째 2월	44	43.1	1.1
1년째 3월	25	22.7	1.5	3년째 3월	81	43.5	1.5
1년째 4월	20	25.4	1.0	3년째 4월	54	43.8	1.0
1년째 5월	18	27.5	0.8	3년째 5월	41	44.1	0.8
1년째 6월	31	29.3	1.1	3년째 6월	51	44.5	1.1
1년째 7월	25	30.7	1.0	3년째 7월	47	44.8	1.0
1년째 8월	17	32.0	0.7	3년째 8월	34	45.1	0.7
1년째 9월	28	33.1	0.9	3년째 9월	42	45.4	0.9
1년째 10월	40	34.1	1.1	3년째 10월	47	45.6	1.1
1년째 11월	43	35.0	1.0	3년째 11월	44	45.9	1.0
1년째 12월	49	35.8	1.0	3년째 12월	38	46.2	1.0
2년째 1월	44	36.6	0.8	4년째 1월		46.4	0.8
2년째 2월	59	37.3	1.1	4년째 2월		46.7	1.1
2년째 3월	63	37.9	1.5	4년째 3월		46.9	1.5
2년째 4월	43	38.5	1.0	4년째 4월		47.2	1.0
2년째 5월	36	39.1	0.8	4년째 5월		47.4	0.8
2년째 6월	39	39.6	1.1	4년째 6월	예측	47.6	1.1
2년째 7월	36	40.1	1.0	4년째 7월		47.9	1.0
2년째 8월	23	40.6	0.7	4년째 8월		48.1	0.7
2년째 9월	32	41.1	0.9	4년째 9월		48.3	0.9
2년째 10월	34	41.5	1.1	4년째 10월		48.5	1.1
2년째 11월	30	41.9	1.0	4년째 11월		48.7	1.0
2년째 12월	27	42.3	1.0	4년째 12월		48.9	1.0

다중회귀분석의 결과 결정계수는 0.644였다.

결정계수는 몇 개 이상이면 좋다는 기준은 없다. 다중회귀분석 결과에서 실적값과 이론값(p.207)의 단순상관계수는 0.802였다. 단순상관계수의 제곱을 결정계수라고 한다.

※실적값과 이론값의 단순상관계수를 다중상관계수라고 한다.

결정계수	0.644

결정계수는 실적값과 이론값의 일치도를 보는 지표이다. 0~1의 값으로, 값이 클수록 정확도가 높다고 할 수 있다. 통계학적으로 몇 개 이상이면 좋다는 기준은 없지만 일반적으로 아래와 같다.

$r^2 \geq 0.8$	정확도가 좋다
$r^2 \geq 0.5$	정확도가 다소 좋다
$r^2 < 0.5$	정확도가 좋지 않다

이 케이스의 경우 결정계수는 0.644로 일반적으로 기준으로 삼는 0.5를 웃돌므로 관계식은 예측에 적용할 수 있다고 판단한다.

예측 모델식은 아래와 같다.

설명변수명	회귀계수
T	1.0329
S	38.8816
상수항	-40.1146

$$매출 = 1.0329 \times T + 38.8816 \times S - 40.1146$$

예측 모델식을 사용해서 이론치를 산출하면 아래와 같다.

연월	매출	이론값	연월	매출	이론값	연월	매출	이론값
1년째 1월	13	3.1	2년째 1월	44	28.1	3년째 1월	31	34.5
1년째 2월	19	21.6	2년째 2월	59	40.6	3년째 2월	44	46.6
1년째 3월	25	41.8	2년째 3월	63	57.5	3년째 3월	81	63.3
1년째 4월	20	26.6	2년째 4월	43	40.2	3년째 4월	54	45.6
1년째 5월	18	21.2	2년째 5월	36	33.1	3년째 5월	41	38.4
1년째 6월	31	32.0	2년째 6월	39	42.7	3년째 6월	51	47.7
1년째 7월	25	29.0	2년째 7월	36	38.7	3년째 7월	47	43.5
1년째 8월	17	18.5	2년째 8월	23	27.5	3년째 8월	34	32.0
1년째 9월	28	29.4	2년째 9월	32	37.6	3년째 9월	42	42.0
1년째 10월	40	37.0	2년째 10월	34	44.7	3년째 10월	47	48.9
1년째 11월	43	36.5	2년째 11월	30	43.7	3년째 11월	44	47.8
1년째 12월	49	36.3	2년째 12월	27	43.1	3년째 12월	38	47.0

〈1년째 1월〉

T = 12.3, S = 0.78에서

매출 = 1.0329 × T + 38.8816 × S − 40.1146

= 1.0329 × 12.3 + 38.8816 × 0.78 − 40.1146

= 12.7 + 30.5 − 40.1 = 3.1

관계식에 4년째 1~12월의 T와 S를 대입하고 매출 예측값을 산출했다.

〈4년째 12월〉

T = 48.9, S = 1.01에서

매출 = 1.0329 × T + 38.8816 × S − 40.1146

= 1.0329 × 48.9 + 38.8816 × 1.01 − 40.1146

= 50.5 + 39.5 − 40.1 = 49.9

A. 다음 페이지의 표, 그림과 같다

연월	매출
4년째 1월	38.3
4년째 2월	50.3
4년째 3월	66.9
4년째 4월	49.1
4년째 5월	41.7
4년째 6월	51.0
4년째 7월	46.7
4년째 8월	35.2
4년째 9월	45.1
4년째 10월	51.9
4년째 11월	50.7
4년째 12월	49.9

이처럼 매출 데이터밖에 없어도 트렌드(T)와 계절변동지수(S)를 산출하고 T와 S를 설명변수로 해서 다중회귀분석을 하면 예측이 가능하다

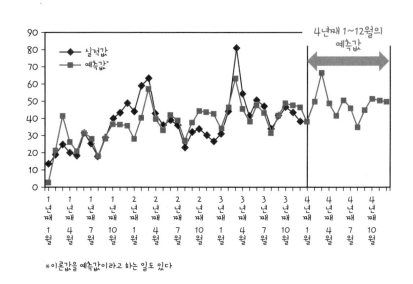

4년째 1~12월의 예측값

*이론값을 예측값이라고 하는 일도 있다

여기까지 온 것만으로도 훌륭해냥

부록

통계 방법
엑셀 함수 일람표

01 엑셀 함수 일람표

통계에서 사용하는 함수란 대량의 데이터를 통계 처리하기 위한 함수이다. 데이터를 분석하는 데 편리한 함수가 많지만 그 반대로 전문적이어서 다루는 것이 어려운 측면도 있다. 아래에 통계에서 자주 사용하는 함수를 나타낸다.

	내용	함수식
기본 통계	합계	SUM
	평균값	AVERAGE
	중앙값(메디안)	MEDIAN
	불편분산	VAR
	분산	VARP
	불편표준편차	STDEV
	표준편차	STDEVP
	왜곡도	SKEW
	첨도	KURT
	도수 분포	FREQUENCY
상관 분석	단순상관계수	CORREL
	직선의 절의	INTERCEPT
	직선의 기울기	SLOPE
확률 분포	정규분포(누적 확률을 산출)	NORMDIST
	정규분포(x치를 산출)	NORMINV
	표준정규분포(누적 확률을 산출)	NORMSDIST
	표준정규분포(z치를 산출)	NORMSINV
	t분포(상측 확률을 산출)	TDIST
	t분포(t치를 산출)	TINV
	카이제곱 분포(상측 확률을 산출)	CHIDIST
	카이제곱 분포(χ^2치를 산출)	CHIINV
각도	각도의 계산	ATAN2

02 | 엑셀 함수의 레퍼런스

통계를 잘하려면 엑셀 함수의 사용법을 알아야 한다. 여기서는 평균값을 구하는 AVERAGE 함수, 도수 분포를 구하는 FREQUENCY 함수를 비롯해 통계에서 자주 사용하는 4개 함수의 기본 조작에 대해 설명한다.

AVERAGE : 평균값(산출 평균)를 구하는 경우

평균값은 데이터 분석의 가장 기본적인 방법이라고 해도 좋다. 평균을 구하려면 AVERAGE 함수를 이용한다.

① 평균을 표시하는 셀 A8을 선택한다

② A8의 셀에 아래의 함수를 입력한다

	A	B
1	1과	2과
2	5	2
3	3	6
4	4	0
5	7	10
6	6	7
7		5
8	=AVERAGE(A2:A7)	
9		

= AVERAGE (A2:A7)

③ Enter 키를 누른다

A8에 계산된 평균값이 표시된다.

④ 식을 복사해서 붙인다

2과의 평균이 구해진다.

⑤ 오른쪽 아래 모서리에 마우스를 맞추고 '+' 모양으로 바뀌면 복사하려는 방향으로 드래그한다.

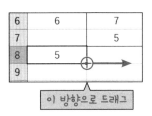

이 방향으로 드래그

⑥ 다음의 결과가 표시된다

6	6	7
7		5
8	5	5
9	↑	↑
10	1과 평균	2과 평균

FREQUENCY : 도수분포를 구하는 경우

도수분포란 데이터의 값을 등간격의 계급으로 나누고 각각의 계급에 포함되는 데이터의 수를 계산한 것을 말한다. 도수분포를 구하려면 FREQUENCY 함수를 이용한다.

① 데이터를 입력한다

② 각각의 계급 상향을 C2에서 입력한다

③ 도수를 표시하는 셀 D2를 선택한다

④ D2의 셀에 아래의 함수를 입력한다

= FREQUENCY (B2:B41, C2:C10)

	A	B	C	D	E	F
1	No.	득점				
2	1	37	29	=FREQUENCY(B2:B41,C2:C10)		
3	2	39	39			
4	3	40	49			
5	4	43	59			
6	5	45	69			
7	6	47	79			
8	7	50	89			
9	8	53	99			
10	9	55	100			
11	10	55				
12	11	57				
13	12	58				

⑤ [Enter] 키를 누른다

D2에 계산된 최하위 계급의 도수 값이 표시된다.

⑥ 아래 화면과 같이 D2에서 D8까지 범위를 지정한다

	A	B	C	D	E
1	No.	득점			
2	1	37	29	0	
3	2	39	39		
4	3	40	49		
5	4	43	59		
6	5	45	69		
7	6	47	79		
8	7	50	89		
9	8	53	99		
10	9	55	100		
11	10	55			

⑦ 수식 바 위에 있는 식의 오른쪽을 클릭한다

× ✓ f_x =FREQUENCY(B2:B41,C2:C10) ◯ ◀—— 여기를 클릭

⑧ [Ctrl] 키와 [Shift] 키를 동시에 누르면서 [Enter] 키를 누른다

D2에서 D10에 각 계급의 도수 값이 표시된다.

	A	B	C	D	E
1	No.	득점			
2	1	37	29	0	
3	2	39	39	2	
4	3	40	49	4	
5	4	43	59	7	
6	5	45	69	13	
7	6	47	79	10	
8	7	50	89	3	
9	8	53	99	1	
10	9	55	100	0	
11	10	55			

CORREL : 단순상관계수를 구하는 경우

CORREL 함수는 단순상관계수를 구하는 함수이다.

① 단순상관계수를 표시하는 F2를 선택한다

② F2의 셀에 아래의 함수를 입력한다

= CORREL (B2:B11, C2:C11)

	A	B	C	D	E	F	G	H
1	학생	신장	체중					
2	A	146	45		단순상관계수	=CORREL(B2:B11,C2:C11)		
3	B	145	46					
4	C	147	47					
5	D	149	49					
6	E	151	48					
7	F	149	51					
8	G	151	52					
9	H	154	53					
10	I	153	54					
11	J	155	55					

③ [Enter] 키를 누른다

	A	B	C	D	E	F
1	학생	신장	체중			
2	A	146	45		단순상관계수	0.916248
3	B	145	46			
4	C	147	47			
5	D	149	49			
6	E	151	48			
7	F	149	51			
8	G	151	52			
9	H	154	53			
10	I	153	54			
11	J	155	55			
12						

F2에는 계산된 값이 표시된다

SLOPE, INTERCEPT : 직선의 기울기와 절편을 구하는 방법

SLOPE 함수는 회귀직선의 기울기 값, INTERCEPT 함수는 회귀직선의 절편 값을 산출한다.

① 회귀계수를 표시하는 F2를 선택한다

② F2의 셀에 아래의 함수를 입력한다

= SLOPE (C2:C7, B2:B7)

	A	B	C	D	E	F	G
1	영업소	광고비	매출액				
2	A	500	8		회귀계수	=SLOPE(C2:C7,B2:B7)	
3	B	500	9		상수항		
4	C	700	13				
5	D	400	11				
6	E	800	14				
7	F	1,200	17				
8							

③ Enter↵ 키를 누른다. F2에 계산된 값이 표시된다

④ 상수항을 표시하는 F3을 선택한다

⑤ F3의 셀에 다음을 입력한다

= INTERCEPT (C2:C7, B2:B7)

	A	B	C	D	E	F	G	H
1	영업소	광고비	매출액					
2	A	500	8		회귀계수	0.010272		
3	B	500	9		상수항	=INTERCEPT(C2:C7,B2:B7)		
4	C	700	13					
5	D	400	11					
6	E	800	14					
7	F	1,200	17					
8								

	A	B	C	D	E	F
1	영업소	광고비	매출액			
2	A	500	8		회귀계수	0.010272
3	B	500	9		상수항	4.980545
4	C	700	13			
5	D	400	11			
6	E	800	14			
7	F	1,200	17			

F3에 계산된 값이
표시된다

ATAN2 : 각도를 구하는 경우

ATAN2 함수는 지정된 x좌표와 y좌표의 아크탄젠트(역정접)를 돌려준다. 아크탄젠트란 x축과 원점 및 좌표점(x좌표, y좌표)을 통과하는 선 사이의 각도를 말한다.

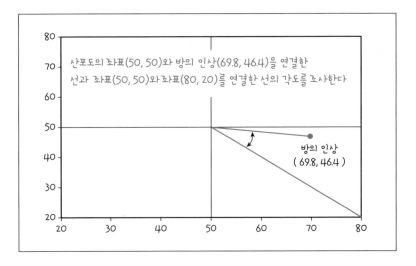

산포도의 좌표(50, 50)와 방의 인상(69.8, 46.4)을 연결한
선과 좌표(50, 50)와 좌표(80, 20)를 연결한 선의 각도를 조사한다

방의 인상
(69.8, 46.4)

엑셀 시트상에 임의의 셀에 다음의 함수와 x'와 y'의 값을 입력하면 각도를 산출할 수 있다.

= ABS (ATAN2 (x', y') *180/PI( ))
※ 엑셀에서는 π를 PI( )라고 표시
ABS 함수는 절댓값을 구하는 함수

234

엑셀 함수에 이용하는 x'와 y'는 요소의 점의 위치(좌표)를 (x, y)라고 하면 아래의 식으로 구할 수 있다.

$$x' = (x - 50) \times \cos(\frac{\pi}{4}) + (y - 50) \times (-\sin(\frac{\pi}{4}))$$
$$\quad = (x - 50) \times 0.70711 + (y - 50) \times (-0.70711)$$

$$y' = (x - 50) \times \sin(\frac{\pi}{4}) + (y - 50) \times \cos(\frac{\pi}{4})$$
$$\quad = (x - 50) \times 0.70711 + (y - 50) \times 0.70711$$

예를 들면 '방의 인상'의 경우 $x = 69.8$, $y = 46.4$이므로 다음과 같이 해서 각도를 구한다.

$$x' = (69.8 - 50) \times 0.70711 + (46.4 - 50) \times (-0.70711) = 16.546$$

$$y' = (69.8 - 50) \times 0.70711 + (46.4 - 50) \times 0.70711 = 11.455$$

위의 엑셀 함수에 $x' = 16.546$, $y' = 11.455$를 대입한다.

$$= ABS \, (ATAN2 \, (16.546, 11.455) \quad *180/PI(\,)) = 34.70(°)$$

03 엑셀 애드 인 프리소프트웨어로 할 수 있는 해석 수법

일본통계분석연구소에서 개발한 프리 소프트웨어에는 ① 엑셀 통계 해석 ② 엑셀 다변량 해석 ③ 엑셀 실험 계획법 3가지가 있다.

여기서는 각각으로 수행할 수 있는 해석 수법을 소개한다.

① 엑셀 통계 해석

- **기본 통계량**
  대푯값(평균값, 중앙값, 최빈값 등)
  산포도(편차제곱합, 표준편차, 분산, 변동계수, 퍼센타일 등)
  분포의 형상(왜도, 첨도)
- **수염 그림(7가지 요약 수치, 극단값)**
- **산포도(산포점의 명칭)**
- **편찻값(표준값, 편찻값)**
- **상관분석(각종 상관계수, 무상관검정)**
  건수 크로스 집계(크라메르 관련계수)
  카테고리별 평균(상관비)
  단순상관계수(피어슨 적률 상관계수)
  순위상관계수(스피어만)
- **클론백 α계수**
- **정규분포**
  정규분포 그래프
  정규분포 통계량(가로축의 값에 대한 확률, 확률에 대한 가로축 m의 값)
  정규분포 플롯(샘플에서 얻은 t도수분포의 정규성)
  정규분포의 적용(정규분포의 적용, 모집단의 정규성 검정)
- **대응이 없는 t검정(개체 데이터의 t검정, 통계량 데이터의 t검정)**
- **대응이 있는 t검정**
- **대응이 없는 모비율 차의 검정(개체 데이터의 검정 통계량 데이터의 검정)**
- **대응이 있는 모비율 차의 검정**
- **다중비교법(분산분석표, 본페로니 검정)**

② 엑셀 다변량 해석

- 산포점 명칭 붙은 산포도(상관도)
- 상관분석(각종 상관계수, 무상관검정)
  건수 크로스 집계(크라메르 관련계수)
  카테고리별 평균(상관비)
  단순상관계수(피어슨 적률 상관계수)
  순위상관계수(스피어만)
- 클론백 α 계수
- 만족도−중요도 분석(통계량 지정)
- 만족도−중요도 분석(데이터 지정)
- 주성분 분석
- 중회귀 분석
- 수량화 1류
- 확장형 수량화 1류
- 고유치·다중비교법(분산분석표, 본페로니 검정)

③ 엑셀 실험 계획법

- 1차 배치법
- 2원 배치법(반복이 있는 경우)
- 2원 배치법(반복이 일정하지 않은 경우)
- 2원 배치법(반복이 없는 경우)
- 다중 비교법
- 직교 배열 실험 계획법(반복 없음)
- 직교 배열 실험 계획법(완전 무작위법)
- 직교 배열 실험 계획법(난괴법)

【프리 소프트웨어 필요 환경·사양에 대해】
일본어판 Microsoft 엑셀상에서 동작하는 애드 인 소프트
대응하는 Microsoft 엑셀은 일본어판
엑셀(2019,2016,2013,2010)이 필요
※엑셀 32비트판, 64비트판에 대응
동작 OS는 Windows10, Windows8, Windows8.1, Windows7
엑셀 for Mac 및 Office for Mac에는 대응하지 않는다

엑셀 애드인 프리 소프트는 아이스탯 URL(https://istat.co.jp)에 액세스해서 상부
메뉴에 있는 [프리 소프트의 다운로드]를 선택하기 바란다.

고생 많았습니다

1,0 데이터 …………………………… 31

1종 오류 …………………………… 150

1차 함수 …………………………… 53

2Bottom 비율 …………………………… 15

2Top 비율 …………………………… 15~18

2종 오류 …………………………… 150

5가지 요약 수치 …………………………… 38

5단계 평가 …………………………… 15~18

95% CI …………………………… 136

AIC …………………………… 218

mean±SD …………………………… 128, 129

mean±SE …………………………… 130

ns …………………………… 150

p값 …………………………… 148

t검정 …………………………… 161

t분포 …………………………… 115~120

t추정 …………………………… 136, 137

z값 …………………………… 112

z검정 …………………………… 136, 137

z분포 …………………………… 104~106, 113, 115

[ㄱ]

가로%표 …………………………… 65

가설검정 …………………………… 146

가중합 …………………………… 60

개선도 지수 …………………………… 93~96

검정 통계량 …………………………… 153~155

결과변수 …………………………… 64

경향변동 …………………………… 222

경향선 …………………………… 222~225

계급값 …………………………… 23, 24

계절변동 …………………………… 219

계절변동지수 …………………………… 219~221

군간변동 …………………………… 79, 80

군내변동 …………………………… 78, 80

귀무가설 …………………………… 147

극단값 …………………………… 23, 36, 37, 40~43

기각한계값 …………………………… 137

기대도수 …………………………… 73, 74

기하평균 …………………………… 5

[ㄷ]

다중회귀분석 …………………………… 204~206

다중회귀식 …………………………… 205

단순상관계수 …………………………… 57~60, 62

단순상관계수의 무상관검정 …………………………… 196

단순회귀분석 …………………………… 61

단순회귀식 …………………………… 61, 62

단측검정 …………………………… 151~153, 155

대응이 없는 데이터 …………………………… 167

대응이 있는 t검정 …………………………… 168

대응이 있는 데이터 …………………………… 167

대푯값 …………………………… 2

도수분포표 …………………………… 24, 99

동등성 검정 …………………………… 176

동등성 한계 …………………………… 177

[ㅁ]

만족도-중요도 분석 그래프 …… 88, 91~93

만족도-중요도 조사 …………………………… 18

맥네마 검정 …………………………… 185~187

명목척도 …………………………… 32

모비율 …………………………… 124

모비율의 추정 ······················· 143
모집단 ······························ 122
모집단 사이즈 ······················ 124
모평균 ······························ 124
모평균 t 검정 ······················ 139
모평균 z 검정 ······················ 138
모평균의 차 z 검정 ················· 158
모평균의 차이 검정
  ················ 146, 147, 153, 154, 171
모평균의 추정 ················· 134, 136
모평균차분의 신뢰구간·········· 171, 176
모표준편차 ············ 124, 161, 164, 165
목적변수 ············· 64, 204, 205, 206
무한모집단 ····················· 141, 142

【ㅂ】

변곡점 ······························ 100
변동 ····························· 2, 26
변동계수 ························· 34, 35
변수선택총당법 ···················· 216
병기표 ······························ 65
부호역전현상················· 214~216
분류 항목 ························· 65, 66
분리표 ······························ 65
분산 ····························· 29~33
분할(break down) ·················· 65
분할표 ······························ 68
불편분산 ···························· 33
비율 ············ 2, 13~15, 31, 67~70

【ㅅ】

사분위수 범위 ····················· 36~38
사분위편차 ······················· 36, 37

산술평균 ························· 3, 4, 7
산포도(度) ·························· 26
산포도(圖) ·························· 54
상관 ······························· 55
상관계수 ························· 55, 89
상관관계 ·················· 52, 54~56
상관도 ····························· 54
상관분석 ························· 50, 55
상관비 ·················· 75~77, 79
상내 경계점 ······················ 40, 41
상수항 ····························· 208
상술평균 ···························· 3
상자수염그림················· 38~40
상측 확률 ············· 106, 117~120
상한값 ························· 134, 135
샘플 ························· 107, 122
샘플 사이즈 ················· 124, 125
샘플 수 ··························· 125
선형회귀분석···················· 61
설명변수 ············· 64, 204, 205
세로%표 ··························· 65
수량 데이터 ···· 14~17, 31, 50, 205
수정 각도 지수 ·················· 94
순서척도 ·························· 32
스튜던트 t 분포··················· 115
스피어만 순위상관계수················ 81~83
신뢰계수 ·························· 136
신뢰구간 ·················· 134~136
신뢰도 ···························· 136
신뢰도 95% ······················ 136
실적값 ························· 207, 228
실측도수 ·························· 74

[ㅇ]

아카이케 정보 기준 ·············· 218
양측검정 ············· 151, 152, 155
오즈 ·························· 69, 70
오즈비 ······························ 69
오차 E ···························· 136
오차 그래프 ······················ 131
오차 막대 ··················· 131, 132
왜도 ··························· 108~111
우측검정 ···················· 151, 152
원인변수 ··························· 64
월차 시계열 분석··············· 219, 222
웰치의 t검정 ·················· 164
위험도 ······················ 67, 68, 70
위험비 ·························· 67, 68
위험비(상대위험도) ············· 67, 70
유의수준 ····················· 149, 150
유의차 판정 ······················ 149
유한모집단 ··················· 140, 141
유한모집단 수정계수 ·············· 141, 142
이론값 ··············· 207, 208, 228
이상값 ··············· 12, 38, 40, 41
인과관계 ·························· 56

[ㅈ]

자유도 ······················ 115, 116
전수조사 ·························· 122
정규 확률 플롯 ·············· 112, 114
정규분포 ············ 98~103, 106~109
제1사분위수 ··············· 19, 36, 38
제3사분위수 ··············· 19, 36, 38
제곱근 ····························· 6
조화평균값 ························ 7, 8

[좌]

좌측검정 ····················· 151, 151
중앙값 ···························· 9~12
집계 항목 ······················· 65, 66

[ㅊ]

첨도 ··························· 108~111
최댓값 ···························· 38
최빈값 ·························· 23, 24
최솟값 ···························· 38

[ㅋ]

카이제곱값 ······················· 74
카테고리 데이터 ····· 15, 31, 32, 50, 75, 76
크라메르 관련계수 ·············· 71~74
크로스 집계 ······················ 64
크로스 집계표 ·················· 64~66
크로스 집계표의 카이제곱 검정 ·········· 199

[ㅌ]

타이 길이 ························ 82, 83
통계적 검정 ·············· 146, 147, 153

[ㅍ]

퍼센타일 ························· 19~21
퍼센트 ··························· 19
편차 ···························· 29
편차제곱 ·························· 29
편차제곱합 ······················ 29, 60
편찻값 ··························· 46, 47
편찻값 IPA 그래프 ·············· 91, 92
평균값 ··························· 2~5
표본분산 ························ 33, 117
표본비율 ························· 124

표본오차 ································· 123, 141
표본조사 ·························116, 122~124
표본평균 ··· 124, 126, 127, 130, 134, 135
표준값 ··································· 44~46
표준오차 ························· 126, 127, 130
표준정규분포··················· 104, 105, 115
표준편차 ······························ 27~37
표준편차 계산식 ··························· 33
표준회귀계수····· 209, 211~213, 215, 216
피어슨 적률상관계수 ····················· 57

[ㅎ]

하내 경계점 ···························· 40, 41
하측면적 ································ 101
하측 확률 ································ 106
하한값 ································ 134, 135
함수관계 ······························ 52, 53
회귀계수 ····························· 205, 208

빅데이터, 기계 학습으로 주목받는 베이즈 통계학을 만화로 해설!

만화로 쉽게 배우는
베이즈 통계학

다카하시 신 지음 | 정석오 감역 | 이영란 옮김 | 232쪽 | 17,000원

이 책은 베이즈 통계학 및 수리통계학을 배우려는 사람이나 데이터 분석 부문에서 베이즈 통계가 필요한 사람이 읽을 만한 책이다.
베이즈 통계학 학습의 길라잡이가 되어 줄 가이드북으로, 각 장마다 만화 부분과 만화 부분을 보충 설명하는 부분으로 구성되어 있다.
이 책은 만화를 사용하여 베이즈 통계학의 기초부터 실제 사용 예까지 설명하였으므로 만화 부분만 읽어도 그 다음 장을 읽는 데 별 어려움이 없다. 또한 일반적으로 통계학을 가리키는 수리통계학과 베이즈 통계학의 차이도 언급한다. 나아가 컴퓨터 시뮬레이션에서 자주 사용되는 몬테카를로법과 쿨백 라이블러 발산에 대해서도 설명하기 때문에 만화라고는 해도 실질적인 내용으로 구성되어 있다.

그림으로 설명해 개념이 쏙쏙 들어오는 통계학 입문서!

그림으로 설명하는 개념 쏙쏙
통계학

와쿠이 요시유키, 와쿠이 사다미 지음 | 정석오 감역 | 김선숙 옮김
160쪽 | 19,000원

이 책은 어려운 통계학 용어 때문에 문턱에서 좌절하기 쉬운 일반인을 위해 그림이나 만화로, 알기 쉬운 편집으로 통계학의 개념을 설명한다.
단계별로 통계학을 설명하는 이 책은 기술통계학, 수리통계학의 구분 후 수리통계학에서 파생된 추측통계학, 다변량 해석 같은 분류부터 시작하여 통계적인 검정, 데이터의 자유도, 귀무가설, 회귀분석, 판별 분석 등 .각종 통계학 용어가 낯설지 않도록 설명과 공식, 사례를 충분하게 들어 초중고생의 기초 수학 학습에도 도움이 된다. 특히 내용 중간 중간에 통계학의 발전에 영향을 끼친 불레즈 파스칼이나 나이팅게일 같은 주요 인물에 대한 스토리를 소개하고, 실생활 속에 중요해진 통계학을 요소요소에 배치하여 재미를 더한다.
이 책은 가정마다 한 권씩은 있는 식물도감이나 동물도감처럼 필요한 내용이 빠짐없이 수록되어 있는 모든 가정에서 꼭 챙겨야 할 '통계학도감'으로 추천할 만하다.

통계학의 기초를 다진다
51가지 통계 방법

2021. 6. 7. 초 판 1쇄 인쇄
2021. 6. 14. 초 판 1쇄 발행

감　　수 | 칸 다미오
지은이 | 시가 야스오, 히메노 나오코
감　　역 | 이강덕
옮긴이 | 김기태
펴낸이 | 이종춘
펴낸곳 | **BM** ㈜도서출판 **성안당**

주소 | 04032 서울시 마포구 양화로 127 첨단빌딩 3층(출판기획 R&D 센터)
　　　 10881 경기도 파주시 문발로 112 파주 출판 문화도시(제작 및 물류)
전화 | 02) 3142-0036
　　　 031) 950-6300
팩스 | 031) 955-0510
등록 | 1973. 2. 1. 제406-2005-000046호
출판사 홈페이지 | **www.cyber.co.kr**
ISBN | 978-89-315-5743-5 (93000)
정가 | 17,000원

이 책을 만든 사람들
책임 | 최옥현
진행 | 김혜숙
본문·표지 디자인 | 임진영
홍보 | 김계향, 유미나, 서세원
국제부 | 이선민, 조혜란, 김혜숙
마케팅 | 구본철, 차정욱, 나진호, 이동후, 강호묵
마케팅 지원 | 장상범, 박지연
제작 | 김유석

■ **도서 A/S 안내**

성안당에서 발행하는 모든 도서는 저자와 출판사, 그리고 독자가 함께 만들어 나갑니다.
좋은 책을 펴내기 위해 많은 노력을 기울이고 있습니다. 혹시라도 내용상의 오류나 오탈자 등이
발견되면 "좋은 책은 나라의 보배"로서 우리 모두가 함께 만들어 간다는 마음으로 연락주시기
바랍니다. 수정 보완하여 더 나은 책이 되도록 최선을 다하겠습니다.
성안당은 늘 독자 여러분들의 소중한 의견을 기다리고 있습니다. 좋은 의견을 보내주시는 분께는
성안당 쇼핑몰의 포인트(3,000포인트)를 적립해 드립니다.
잘못 만들어진 책이나 부록 등이 파손된 경우에는 교환해 드립니다.